GÉOGRAPHIES DU MONDE
sous la direction de Frank Lestringant
23

Les Îles malades

Éric Fougère

Les Îles malades

Léproseries et lazarets de Nouvelle-Calédonie, Guyane et Guadeloupe

PARIS
CLASSIQUES GARNIER
2018

Éric Fougère écrit sur le réel en rapport à l'espace, insulaire en particulier. Sa réflexion se partage entre histoire : *Grand Livre du bagne* (Saint-Denis, 2002), *Prison coloniale* (Matoury, 2010) et littérature : *Escales en littérature insulaire* (Paris, 2004), *Aspects de Loti* (Paris, 2006). Il a également publié : *Retour des choses* (Paris, 2007) et *Mémoires d'un mauvais sujet* (Paris, 2015).

ISBN 978-2-406-06504-3 (livre broché)
ISBN 978-2-406-06505-0 (livre relié)
ISSN 1279-8428

INTRODUCTION

Autant qu'un corps, il se peut que l'individu soit un espace. Il est du moins permis de se demander si ce n'est pas la spatialité qui permet d'identifier le corps. « Par le corps, j'entends tout ce qui [...] peut être compris en quelque lieu, et remplir un espace en telle sorte que tout autre corps en soit exclu », lit-on dans la seconde méditation de Descartes. Il en va d'autant plus ainsi quand le corps – aussi bien le corps social – est attaqué par la maladie. Deux schémas spatiaux président à son traitement. Soit l'exclusion bannit le malade hors d'un espace à purifier, soit l'inclusion procède en isolant le malade au sein d'un espace à contrôler. Telle est du moins la distinction que fait Michel Foucault pour parler, dans un cas, de la lèpre, et, dans l'autre, de la peste. « La lèpre et son partage ; la peste et ses découpages. L'une est marquée ; l'autre, analysée et répartie. L'exil du lépreux et l'arrêt de la peste ne portent pas avec eux le même rêve politique. L'un, c'est celui d'une communauté pure, l'autre, celui d'une société disciplinée[1]. »

Le tournant survient lors de la pandémie de peste entre le XIVe et le XVIIIe siècle. Alors que la lèpre relève d'une contagion relative et sujette à discussion qui la rangera parmi les pathologies sociales *endémiques*, il en va différemment de la peste, *épidémique*. Seuil à partir duquel une maladie non différenciée touche un nombre important de victimes en même temps dans le même endroit, la notion d'épidémie finit de spatialiser le corps en mettant l'accent sur un mixte de circonstances et de climat, de contingences et d'invariants qu'on appellera bientôt « milieu ». Cela pose un problème inédit : la *quantité* de malades atteints simultanément soulève en effet la question de *contagiosité* des infections transmises. Autant de corps, autant de voies de communication possibles. Il s'agit de localiser le foyer pour éviter que la maladie ne s'étende en sortant du corps. Il importe ainsi d'isoler les malades à la façon dont

1 M. Foucault, *Surveiller et punir, naissance de la prison*, Paris, Gallimard, 1975, p. 200.

serait délimitée la maladie dans le corps. Une logique spatiale identique aura soin de discerner les points de contact éventuels afin de mieux cerner le danger de circulation. Trancher la relation physique entre les corps afin de retrancher la maladie dans des limites imposées : ces deux conditions de coupure et de clôture ont été remplies par l'espace insulaire. Une géographie d'ores et déjà discontinue, fragmentée, comme est la géographie des îles, est donc un cas d'espace intéressant si l'on veut confronter les stratégies sanitaires.

Éloigner pour enfermer, séparer pour interner : telle est l'insularisation pratiquée depuis le continent. Contenir en milieu naturellement circonscrit : telle est la finalité. Sur 22 lazarets dénombrés par Daniel Panzac[2] pour expliquer comment l'Europe a tenté de se protéger de la peste, une moitié sont des îles. En 1377, une première quarantaine est réalisée dans l'Adriatique (îlot Mrkan) avant de s'installer non loin sur l'îlot Supetar, devant Raguse, en 1430, puis cent ans plus tard sur une île appelée Lokrum à faible distance de la ville. En 1423, Venise a déjà son établissement sur l'îlot Santa Maria de Nazareth, auquel un *Lazzareto Nuovo* s'ajoute. Une « institution permanente » est fixée dès 1486. En 1782, le renforcement du dispositif insulaire est assuré dans la lagune à l'île Poveglia. Des lazarets sous autorité vénitienne existent à Céphalonie (lazaret d'Argostoli, 1705) et Corfou (sur un îlot près de la ville). À Livourne, un contrôle sanitaire est instauré sur l'îlot du Fanal en 1582. Naples édifie son lazaret sur l'île Nisida. Le port franc d'Ancône est doté d'un pentagone édifié sur l'eau pour en insulariser l'architecture.

Au XVIIe siècle, une série d'épidémies décime l'île de Malte et décide l'Ordre, à compter de 1645, à déplacer la mise en isolement sur l'actuelle île Manoel, au nord de La Valette. À Mahón (Minorque), un premier îlot de quarantaine a précédé le creusement du canal ayant eu pour effet de convertir une presqu'île en île où se dresse un nouveau lazaret (de même à Trieste, un canal isole un lazaret de la ville). En Grèce, au XIXe siècle, les quarantaines ont lieu dans la petite île Ayios Nikolaos à proximité de Syra dans les Cyclades. Il s'agit de couper les progrès de la maladie sur le front maritime et par la voie terrestre, aux limites avec l'Empire ottoman, sans se couper des liens commerciaux. C'est la

2 D. Panzac, *Quarantaines et lazarets, l'Europe et la peste d'Orient*, Aix-en-Provence, Édisud, 1986.

raison du choix de cours d'eau pour les lazarets continentaux de Braïla (Roumanie), par exemple, ou de Zemun (Serbie). Celui de Kostajnica, relié par deux ponts, se situe sur une île à la frontière entre Bosnie et Croatie. C'est encore une explication de la création de marchés sous surveillance enclos de palissades entourées de cours d'eau.

Marseille a sa quarantaine à Pomègues, une des îles Frioul. Un règlement de 1716 oblige à mouiller devant l'île Jarre (au sud de la ville), où les navires en patente brute (infectés) feront leur « purge ». En 1720, malgré le décès de dix personnes à bord du *Grand Saint-Antoine* en provenance de Syrie, le Bureau de santé fait surveiller marchandises et passagers devant Pomègues (anse de la Grande Prise) en quarantaine ordinaire, où la maladie se prépare à désoler la ville. En 1822-1824, Pomègues est unie par une digue à Ratonneau, sa voisine, afin de recevoir un nombre accru de quarantaines occasionnées par la fièvre jaune. On construit pour la circonstance un hôpital à Ratonneau. Le cordon sanitaire est déployé vers la façade atlantique, au Havre (îlot sablonneux du lazaret du Hoc à l'embouchure de la Seine), à Rochefort et La Rochelle (île d'Aix), à Brest (îlot de Trébéron[3]), Lorient (île Saint-Michel) et Saint-Vaast-la-Hougue (îlot Tatihou dans le Cotentin), puis se renforce en Méditerranée dans les îles Sanguinaires (Ajaccio). Le choléra (venu d'Asie) fait cortège à la fièvre jaune (importée d'Amérique). Un second tournant succède alors à celui signalé par Foucault pour expliquer le changement tactique entre la lèpre et la peste. Il procède en partie de l'introduction des maladies tropicales.

Avec l'irruption de la fièvre jaune au début du XIXe siècle un courant commence à remettre en question la notion de contagion. Le point décisif est le progrès de la marine à vapeur et la rapide extension des échanges en résultant. La modification du système de quarantaine est à l'ordre du jour. On prescrit, dans un premier temps, de multiplier les dispositifs architecturaux de nature à redoubler les enceintes en séparant rigoureusement les provenances en autant de pavillons distincts. Les passagers les plus suspects sont ceints d'un mur de clôture individuel. Au fil des progrès médicaux, notamment grâce à la révolution pasteurienne, on réduit la durée de quarantaine à cinq jours pour le choléra, sept pour la peste. En nombre insuffisant, les lazarets sont doublés de

3 L'île des Morts est le lieu qu'on donne en sépulture à ceux qui meurent au lazaret de Trébéron dans la même rade de Brest.

stations sanitaires où ce qui compte est désormais la désinfection des marchandises et des navires. Une inspection sanitaire est par ailleurs établie dès l'embarquement dans les ports de départ.

Un examen de ce qui se passe aux colonies (d'où vient pour partie la nouvelle épidémiologie) montre une situation paradoxale : on voit là se croiser des maladies pratiquement disparues de la métropole et d'autres encore mal connues sur le territoire national. Un exemple est la fièvre jaune, endémique en Amérique intertropicale, et dont l'Europe a du mal à parer les attaques épidémiques. Un autre exemple est la peste attaquant les colonies de l'océan Indien (Réunion, Maurice et Madagascar) ainsi que la Nouvelle-Calédonie. L'îlot Prune, au N-N-E de Taomasina (Tamatave), abrite un lazaret. Les cas néo-calédoniens suspects sont dirigés soit sur l'îlot Sainte-Marie soit sur l'îlot Freycinet de Nouméa. C'est pour l'urgent besoin d'un lazaret que les lépreux calédoniens qui se trouvaient baie de l'Orphelinat sont renvoyés sur l'île aux Chèvres en 1899.

Il est tentant de se demander ce que devient le schéma lèpre / exclusion-peste / inclusion dans un contexte insulaire ultra-marin traversé d'anachronismes et de contradictions. Non seulement les maladies font se chevaucher les époques, il faut encore observer que les intérêts divergent en fonction de possessions territoriales et de populations coloniales en opposition. Le problème est compliqué par une anthropologie raciale issue de relations foncièrement dissymétriques. Au point de vue des institutions médicales, enfin, le partage entre autorités maritimes ou militaires et civiles ou religieuses et nécessités commerciales ajoute un niveau supplémentaire à la complexité d'une situation qui, par ailleurs, évolue dans le temps de façon décalée.

Deux insularités différenciées reconduisent apparemment l'opposition chère à Foucault. Les îles de lépreux des colonies françaises, en effet, relèvent bien, pour commencer, du schéma d'exil. À Saint-Domingue, où la lèpre est signalée dans la région du Cap en 1709[4], un arrêt du Conseil supérieur en date du 25 avril 1712 prend le parti d'envoyer les malades (une vingtaine de familles de la paroisse du camp de Louise) à l'île de la Tortue, « abandonnée depuis longtemps et hors de toute communication[5] ». Quand la maladie se déplace en Guadeloupe, on

4 Voir Moreau de Saint-Méry, *Description topographique, physique, civile, politique et historique de la partie française de l'Isle Saint Domingue* (1798), tome II, Paris, Larose, 1958, p. 696.

5 Archives nationales d'outre-mer, fonds ministériel FM C 9 A, f° 288.

voit, de même, opérer la surinsularité. La commission chargée d'une inspection de santé se prononce en faveur de la séquestration des malades à la Désirade, île à portée de recevoir les vivres affectés de Guadeloupe à leur entretien pendant six mois. Les lépreux guyanais sont dirigés vers l'îlet la Mère, au large de Cayenne, avant leur transfert à la plus grande des îles du Salut, devant Kourou.

Dans ces colonies de plantation, la première atteinte à la stratégie d'éloignement vient des propriétaires d'esclaves : ils répugnent en général à déclarer lépreux leurs malades en l'absence d'indemnisations. C'est ainsi qu'on choisit de ne prendre aucune mesure sanitaire en Martinique. En Guadeloupe, on ne compte pas les lépreux qui sont empêchés d'extradition par des propriétaires auxquels aucun dédommagement n'est versé. Sur l'île de la Désirade elle-même, les habitants s'approprient non seulement les lépreux mais aussi le terrain du roi sur lequel on les a relégués. Le bras de fer opposant le Conseil colonial, composé de notables, et l'administration du gouvernement, chargé de fixer localement la police, porte avant tout sur le refus de céder les esclaves atteints de lèpre. Une argumentation fait jouer contradictoirement le droit des personnes, excluant les mesures attentatoires à la liberté, pour mieux entraver l'internement des esclaves !... Les adversaires de la réclusion par exclusion tirent en outre argument d'une loi de 1822 qui statue sur les maladies *pestilentielles* que leur caractère épidémique et temporaire interdit d'appliquer telle quelle à la lèpre, endémique, incurable et dont la contagiosité reste en débat.

Dans les colonies qui ne sont pas de monoculture intensive, une autre atteinte à l'uniformité de la stratégie d'exclusion concerne aussi la population qu'il s'agit de déporter dans des lieux différents selon leur origine ou leur appartenance. En Guyane, on distinguera les lépreux de la population libre et ceux, forçats, qu'on envoie sur un îlot du Maroni, Saint-Louis, propriété de l'administration pénitentiaire. En Nouvelle-Calédonie, la lèpre est signalée dès 1883 mais son évidence est sous-estimée jusqu'à ce que des Blancs soient atteints, qui sont en principe internés sur l'île aux Chèvres, alors que les condamnés aux travaux forcés lépreux le sont au dépôt de l'île Nou (pointe Nord) et que, de préférence, on envoie les indigènes à l'une des îles Belep (Art), entre 1892 et 1898, à partir de léproseries disséminées dans les tribus de la Grande Terre, après avoir évacué la population vivant déjà sur Art.

Il est question, sans résultat, de déplacer les lépreux sur un îlot (Casy) de la baie de Prony dans le Sud calédonien. L'îlot de Maré, Dudun, est réservé aux lépreux mélanésiens de l'archipel des Loyauté.

La question des indigènes est doublée de la question des indigents. La réglementation donne aux colons lépreux toute liberté de rester chez eux s'ils justifient de moyens de subsistance, à condition de se tenir à distance. Un système hybride est ainsi prévu quant à leur possible exclusion dans l'inclusion. Concrètement, les lépreux d'origine européenne échappent en général à l'exclusion dans les colonies, bénéficiant de règlements qui les exempte, au demeurant, de la séquestration collective. Ce n'est pas le cas des indigents, pour lesquels, en Indochine, on préconise un internement différencié. Jeanselme, au cours d'une mission de 1899 en Extrême-Orient, fait la proposition de réserver des « léproseries maritimes » à la classe indigente et des « léproseries terrestres » à ceux des lépreux susceptibles de pourvoir à leur entretien. C'est en partie sur cette distinction que les lépreux de Cochinchine et de Côte d'Ivoire sont placés sur une île du Mékong, à Cubao Roug ou Cua Long, et sur l'île Désirée, dans une lagune à quatre heures d'Abidjan.

Si la lèpre est extrajudiciaire, il n'en va pas ainsi de la peste. On a vu qu'une épidémie toucha la Nouvelle-Calédonie, suite à l'arrivée dans la colonie de main-d'œuvre indienne. Une insularité distributive et quadrillée, conforme au schéma d'inclusion théorisé par Foucault, semble opposable à l'insularité du débarras qu'on applique aux lépreux. Les populations suspectées sont réparties sur des îlots différents selon leur origine asiatique/océanienne ou européenne. On commande aux quarantenaires indiens de se fractionner par groupes ayant à leur tête un chef. Une « grande clôture » est imaginée par les autorités de Nouméa pour faire échec aux dangers d'invasion bubonique. Elle est réglementairement prévue pour diviser la ville en deux moitiés scindées par une barrière ininterrompue, qui procède à l'isolement du quartier contaminé par des postes militaires.

On trouve une insularisation disciplinaire analogue en différents camps de lépreux contemporains de la peste en Nouvelle-Calédonie. Mais ce n'est pas allé plus loin que la volonté de séparer les races ou les conditions (libres, esclaves et forçats des colonies pénitentiaires), en reproduisant les démarcations de la société. La séparation des sexes, ou par niveaux de progression de la maladie, n'a pas dépassé le seuil d'intentions gênées par l'état des finances. Il s'agit plutôt de faire un sort aux malades indigents sans moyen de subsistance, accessoirement d'éloigner les yeux de la vue qui pourrait les blesser. La politique antilépreuse est impuissante à produire un effet sur la communication des malades et de la maladie. C'est l'idée de réclusion sans limite, équivalent d'un mal incurable, qui l'emporte aussi bien sur l'idée d'inclusion que sur l'idée d'exclusion. Au mal anachronique, on répond par un « traitement » non médicalisé.

Le schéma d'inclusion disciplinaire a mieux donné sa mesure avec la fièvre jaune et le choléra, pour lesquels on crée des lazarets pleinement justiciables. Ils sont pour la plupart insulaires. On a déjà parlé de l'îlot calédonien Freycinet. Sur la Côte française des Somalis, l'île Maskali voit la construction de son lazaret se finir en 1901. Celui de l'îlet à Cabrit des Saintes (en Guadeloupe) est opérationnel en 1871. Il est secondé par celui de l'îlet Cosson (près de Pointe-à-Pitre) à compter de 1893. Il est question d'en construire un nouveau sur l'îlet du Gosier, voire à l'îlet Fajou (Grand Cul-de-sac marin). Mais on pense encore aux îlets Boissard et Léger. Ces projets sont motivés par une évolution de la législation sanitaire. On distingue en théorie quarantaine d'observation (sans désinfection générale obligatoire) et quarantaine de rigueur, avec déchargement du navire et débarquement des passagers dans un lazaret qui procède aux fumigations requises. Or le perfectionnement des étuves à désinfection permet de diminuer la durée des quarantaines et s'accorde avec un gain de temps réalisé sur les transactions commerciales à la vapeur. Ainsi la prophylaxie cesse de ne consister que dans l'isolement, qui ne doit plus lui-même être un obstacle au libre-échange.

Il importe à présent de déplier ce rapide aperçu dans deux directions, l'une orientée vers l'histoire des différents lieux d'isolement du malade et l'autre tournée vers l'analyse du circuit d'insertion de la maladie dans un espace. Ici, réalisation sur le terrain de pratiques, et là, configuration d'un système au niveau des prescriptions réglementaires. À l'épreuve des lieux concrets, l'espace insulaire est reconfiguré par une organisation qui n'a cessé de faire entorse à la pureté des intentions. Des léproseries constituent la première étape. Il n'y a pas de hasard à leur implantation, chaque fois que c'est possible, dans des îles. En position de surinsularité, les îles de lépreux remplissent en effet deux conditions. La première est de distance : éloigner. La seconde est de clôture : enfermer. Le tout (confins/confinement) donne un état d'*isolement* d'autant plus recherché qu'il faut empêcher la maladie de se *communiquer*. Mais il ne faut pas non plus que cet isolement soit complet, comme on s'en aperçoit surtout, dans une deuxième étape, avec les lazarets de quarantaine insulaire. Autant la lèpre est un fléau dont on ne revient pas, qui d'ailleurs est, dans son irréversibilité, d'évolution lente ; autant la peste, la fièvre jaune ou le choléra sont des épidémies foudroyantes : il faut s'en protéger, mais aussi les contrôler. D'où la proximité recherchée dans des lieux certes isolés mais à portée de surveillance.

Il y a symétrie de l'aspect périodique et du choix d'îles où la spatialisation travaille à dessiner des limites internes entre points de contact et seuils à ne pas dépasser. La léproserie, c'est l'oubli dans un espace indéterminé, quand le lazaret de quarantaine est défini par la frontière et par la durée. Le lazaret, c'est un espace-temps qui participe à la fois d'une clôture au sein de laquelle on est classable et d'un seuil à partir duquel on devient recyclable. Une inversion se produit donc entre endémie lépreuse et crises épidémiques. Avec l'une, un foyer de population saine est à protéger par éloignement des individus porteurs. Avec les autres, il s'agit plutôt de fixer le foyer d'infection constitué par les malades eux-mêmes. On ne situe plus le foyer chez les valides. On situe ce foyer dans la maladie même où sont portés des germes en constant déplacement. Ce renversement de perspective est la raison de l'accent mis, pour les épidémies, sur l'isolement de préférence à l'éloignement. Mais les deux représentations se croisent en évoluant dans le temps. D'abord, on parlera de « séquestration » pour la lèpre, en tant qu'on perçoit celle-ci comme éminemment contagieuse, avant de ramener les lépreux dans le sein de la communauté saine à des fins d'observation par un « internement » qui n'est plus voulu pur et simple abandon mais condition de contrôle sanitaire, à l'égal de ce qui se passe avec les épidémies, par un reconditionnement généralisé de la vision clinique.

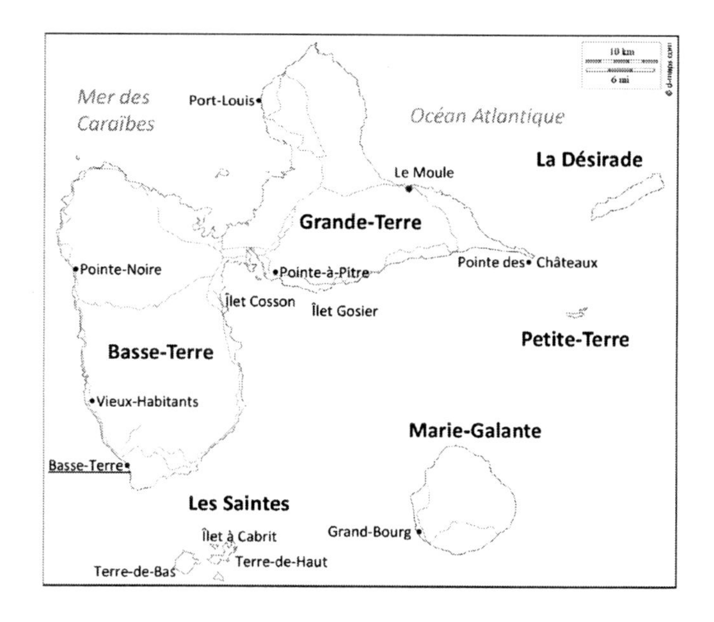

FIG. 1 – Guadeloupe.

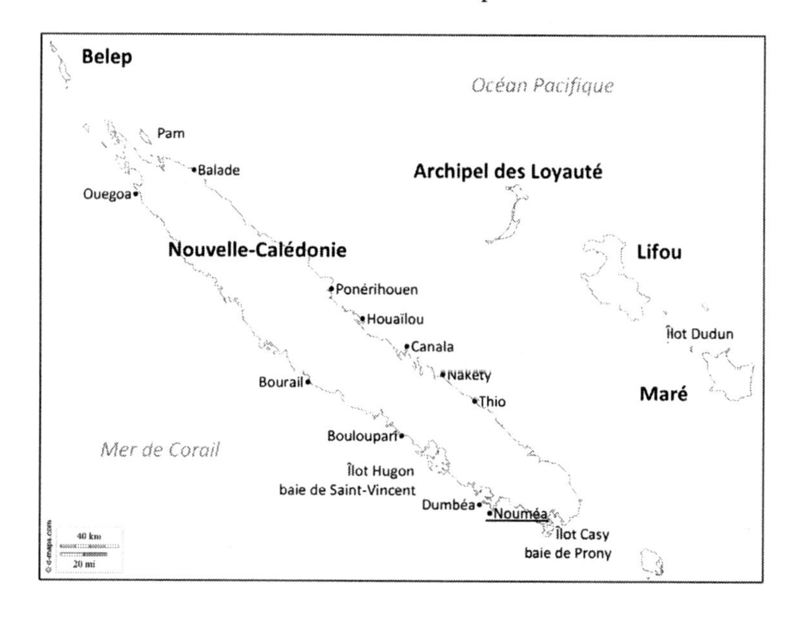

FIG. 2 – Nouvelle-Calédonie.

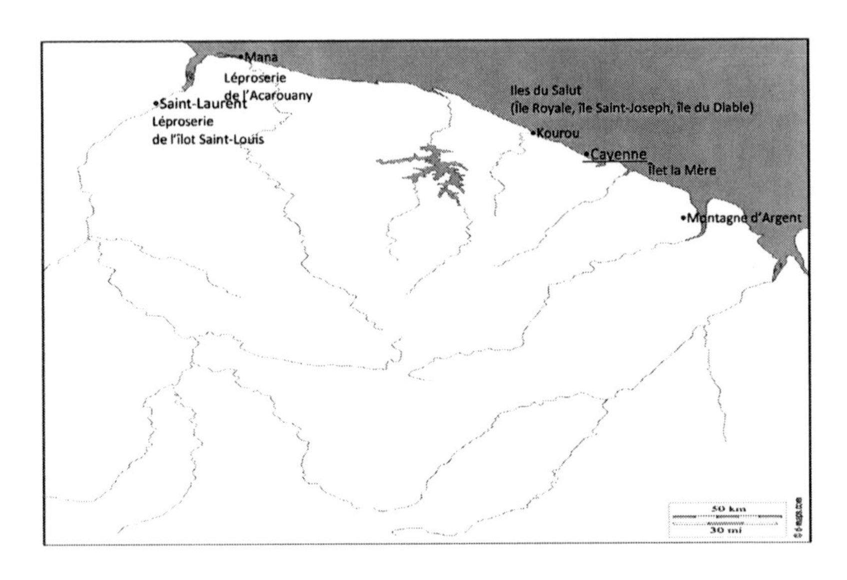

FIG. 3 – Guyane.

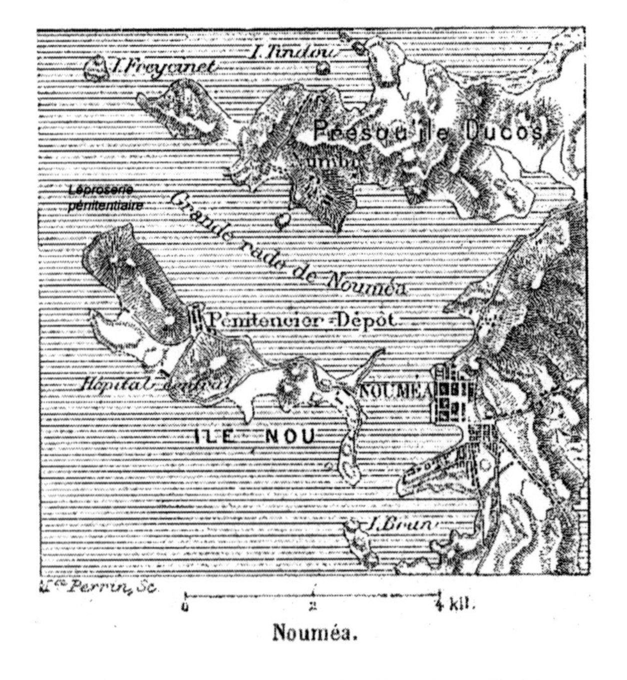

FIG. 4 – Presqu'île Ducos, îlot Freycinet, île Nou.

LA LÈPRE ET LA PESTE

Asile ? exil ?

La lèpre est évoquée dans le Lévitique en s'inscrivant dans les questions relatives au pur et à l'impur. Il est admis que le vocable hébreu qui la désigne, *tsara'ath*, se rapporte à des affections cutanées disparates allant de la dartre à la teigne et manifeste une grande variété de symptômes (taches, ulcères ou tumeurs). On sait que l'acception du mal ainsi nommé peut s'étendre à des altérations d'objets (vêtements, tissus, cuirs), et même à des détériorations de maisons (« lèpre des maisons[1] »). Mais un examen ne permet pas moins d'établir un diagnostic. Il incombe au prêtre. Il y a deux cas de figure. Ou bien la dépigmentation se combine à l'ulcération : c'est un cas de lèpre. Ou bien l'ulcération va de pair avec la tuméfaction : c'est un cas de lèpre « invétérée[2] » – le malade est « sans aucun doute[3] » impur. Une observation devient nécessaire, dans le premier cas de figure, s'il y a dépigmentation de la peau sans « dépression visible[4] » de celle-ci ni blanchissement du poil : on prononcera la séquestration du malade. Au septième jour, on décidera si la lèpre, en devenant mate, est une dartre (eczématide). Si oui, le malade est déclaré pur après avoir nettoyé ses vêtements. Si la dartre, après première période d'observation, persiste à se développer, le malade est impur : « il s'agit de lèpre[5] ». On constate encore un retournement dans le second cas de figure, où, si « tout vire au blanc[6] » (psoriasis ou vitiligo), la dépigmentation devient totale, et le malade est déclaré pur. Or si l'ulcération se confirme, alors il est impur : « l'ulcère est chose impure, c'est de la lèpre[7] » – mais n'en est pas si l'ulcère est redevenu blanc…

1 Lévitique, 14-33.
2 *Ibid.*, 13-9.
3 *Ibid.*, 13-11.
4 *Ibid.*, 13-4.
5 *Ibid.*, 13-8.
6 *Ibid.*, 13-13.
7 *Ibid.*, 13-15.

L'observation clinique, en « séquestration », couvre une période hebdomadaire égale à celle observée pour la Création dans la Genèse. Aussi s'agit-il à la fois d'assurer le diagnostic en isolant le malade ou même en l'évinçant (s'il est vrai que la contagion soit « confusément pressentie[8] ») et de respecter les rites de purification visant à réintégrer la guérison dans la dimension du sacré moyennant sacrifice. Immolation d'un oiseau pur et vivant sur un pot d'argile au-dessus d'une eau courante, immersion d'autre oiseau vivant, de bois de cèdre, de rouge de cochenille et d'hysope dans le sang de l'oiseau sacrifié, sept aspersions de ce sang sur la personne à purifier pour qu'elle retourne au camp dont la maladie l'avait écartée non sans rester préalablement sept jours hors de sa tente. Un sacrifice de réparation fait justice à la notion de péché par un agneau qu'on immolera. L'expiation finit de purifier le lépreux rentré dans le camp quand le sang du sacrifice aura été versé sur le lobe de l'oreille droite, le pouce de la main droite et le gros orteil du pied droit, lesquels on aspergera sept fois d'huile. Un statut du lépreux lui fait obligation de porter ses vêtements déchirés, ses cheveux dénoués, sa moustache couverte et de crier « Impur ! Impur[9] ! » Aussi longtemps que doit durer son mal, il demeure « à part », à savoir « hors du camp[10] ».

Le statut d'impureté du lépreux dans l'Ancien Testament fait aller le Mal et le malade ensemble. Il est celui qui régit la même exclusion tout au long du Moyen Âge, où la maladie devient endémique en Europe et semble connaître une apogée vers le XIIIe siècle, avant de fléchir et de quasiment disparaître en Europe occidentale à la fin du XVIIe siècle. Un édit de l'an 643 fait interdiction d'aliéner ou de donner ses biens pour tout lépreux frappé de mort civile. On lui tolère uniquement d'être entretenu sur ses revenus. Son expulsion de la ville et de son domicile obligera le malade à, dit le même édit de Rothari (roi lombard), « habiter seul ». « Office de séparation » (*Separatio leprosorum*) est le nom qu'on donne à la cérémonie qui consiste à mettre « hors le siècle », « à l'écart du commun », le lépreux dont un rapport aura diagnostiqué la maladie. L'« Office de séparation » n'est pas sans ressemblance avec une messe des Morts. Un drap noir est tendu sur deux tréteaux devant l'autel où

8 *Histoires de la médecine*, IX. « Histoire de la lèpre », http://coursneurologie.free.fr/lepre.HTM. Consulté le 21/10/2015.

9 Lévitique, 13-45.

10 *Ibid.*, 13-46.

le lépreux suit la messe à genoux, le visage enveloppé d'un voile noir. Par trois fois, l'officiant jette une pelletée de terre de cimetière sur la tête ou les pieds du lépreux. *Sis mortuus mundo* ; *vivus iterum deo* (« Sois mort au monde ; revis en Dieu »), lui dit le prêtre en guise d'enterrement symbolique. Ensuite de quoi, le séparé se confesse et reçoit l'absolution avant d'être conduit processionnellement jusqu'à sa borde ou logette (hutte ou cabane), équipé des attributs bénis que sont un vêtement distinctif, une cliquette ou crécelle ou clochette, une sébile, une écuelle ou panetière, un barillet, des gants, voire un bâton pour avoir à ne rien toucher de ses mains dans ses rencontres éventuelles avec la population saine. Une croix de bois plantée devant la borde est munie d'un tronc pour les aumônes.

On fait lecture au lépreux de « défenses » en présence ou non de la population rassemblée pour la circonstance. Il est défendu d'entrer dans aucun lieu public (église, taverne, marché, foire, four ou moulin), de prélever l'eau de puits, fontaines ou ruisseaux pour en boire ou s'en laver, d'aller pieds-nus ni sans l'habit distinctif en empruntant des chemins fréquentés de nature à croiser le chemin d'autrui, de rien toucher qui ne soit pas propriété de lépreux sans enfiler des gants ni l'avoir au préalable indiqué par un bâton, d'avoir aucun commerce avec une autre femme que la sienne, de répondre à qui que ce soit sans se mettre au-dessous du vent pour éviter l'infection. Ces interdits sont loin d'avoir été suivis partout dans leur idéale uniformité. Le fait est qu'interfère avec la lecture du Lévitique ayant sans doute inspiré les « défenses » une lecture hagiographique, issue du Nouveau Testament, qu'on voit culminer dans le baiser au lépreux (de saint Martin, de saint Louis, de saint François …), comme si la loi d'impureté faisait place à la loi de sainteté dans un esprit de charité. Jésus guérit les lépreux. Lazare est ressuscité. L'assimilation du Christ au lépreux, par saint Jérôme, a déterminé tout un discours où la notion de pur/impur est retournée. Si, dans la loi mosaïque, impureté du corps est signe apparent d'impureté de l'âme, il n'en va pas de même en doctrine évangélique, où la maladie, d'ores et déjà signe électif, ne prend que le corps et laisse, à la différence du péché, l'âme intacte. Au IVe siècle, on assiste à la constitution de l'Ordre hospitalier de Saint-Lazare. Aux conciles d'Orléans de 511 et de 549, il est fait devoir aux évêques ainsi qu'aux prêtres et fidèles de subvenir aux besoins (vivres et vêtements) des pauvres et des infirmes, en particulier lépreux. Des quêtes et donations valent à ceux qui les font pour les lépreux des indulgences.

Si l'on en croit François-Olivier Touati, la volonté d'assistance aux lépreux connaît un recul et la sévérité l'emporte au VIIIe siècle en raison d'une assimilation possible entre lèpre et cas de peste ou pestilences[11], avant qu'une « révolution de la charité » ne revienne, aux XIe et XIIe siècles, à placer le lépreux dans une situation moins infâme. Il semble acquis que les léproseries, qui naissent au XIe siècle et dont la majorité remontent au XIIe et début du XIIIe, présentent un isolement très relatif en dépit de leur existence extra muros (hors des remparts). Elles se trouvent ordinairement sur les voies de circulation, non loin des lieux d'échanges, à proximité de terrains cultivables et de points d'eau. Elles obéissent en général à des logiques de croissance urbaine et démographique impulsées par le milieu seigneurial et communal après avoir été du ressort ecclésiastique. Elles sont constituées de maisonnettes évoluant vers les bâtiments collectifs en hôpital. Il est à noter que les valides y côtoient les lépreux dans une proportion qui va souvent jusqu'à dépasser la quantité de ces derniers (rarement plus d'une dizaine en moyenne ?). Ce phénomène explique en partie la mutation qui s'opère aux XIIIe et XIVe siècles alors que l'abus de privilèges (exemptions de dîmes entre autres) associés aux patronages et bénéfices déstabilise un tant soit peu l'institution d'assistance et que l'imputation de désordres sexuels attribués aux lépreux dans cette institution met la question des transmissions par contamination sur la sellette. Les conditions sont réunies pour faire à nouveau pencher l'exclusion vers plus de rigueur. En témoigne une accusation de 1321 lancée contre des Juifs et des lépreux, lesquels auraient comploté l'empoisonnement de fontaines et de puits dans la Guyenne. Une série de trois ordonnances est promulguée la même année par Philippe le Long, d'où résulte, à l'issue d'une instruction qui fait suite aux persécutions des Juifs et des lépreux du Midi, que les faits de l'inculpation sont bien démontrés, qu'en conséquence on condamne au bûcher ceux qui seront reconnus coupables, à l'exception des femmes enceintes et des enfants de moins de quatorze ans. Ceux qui n'avoueront pas leur forfait seront emprisonnés à vie, les femmes étant séparées des

---

11 Voir F.-O. Touati, *Maladie et société au Moyen Âge : la lèpre, les lépreux et les léproseries dans la province ecclésiastique de Sens jusqu'au milieu du XIVe siècle*, De Boeck Université, 1998, p. 233-234.

hommes et les garçons des filles. Au demeurant, les biens des lépreux seront confisqués jusqu'à nouvel ordre.

Il est intéressant de rapprocher les faits de ceux racontés par Guillaume de Machaut dans son *Jugement du Roi de Navarre* autour de 1350, avant voire au moment de la peste noire[12]. Il y est question de puits, rivières et fontaines empoisonnés par des Juifs. Il est aussi fait mention de tueries qui suivirent à leur encontre. Il est enfin parlé d'épidémie pour ne pas désigner par son nom la peste. On ne peut s'empêcher d'entendre un écho de l'accusation d'empoisonnement de la population par des lépreux. Le document quasi contemporain de Machaut sur la peste est mis en exergue par René Girard à son *Bouc émissaire*. Un premier point touche à l'accusation d'empoisonnement de l'eau. Nous nous souvenons du rôle joué par l'eau dans le rituel de purification du Lévitique. Un règlement nous apprend que les enfants de lépreux ne sont pas baptisés dans l'eau mais sur les fonts. Le second point touche au poison lui-même : « Les persécuteurs rêvent de concentrations tellement vénéneuses que des quantités très réduites suffiraient à empoisonner des populations tout entières. Il s'agit de lester de matérialité, donc de logique "scientifique", la gratuité désormais trop évidente de la causalité magique. La chimie prend le relais du démoniaque. Le but de l'opération reste le même. L'accusation d'empoisonnement permet de rejeter la responsabilité de désastres parfaitement réels sur des gens dont on n'a pas vraiment repéré les activités criminelles. Grâce au poison, on réussit à se persuader qu'un petit groupe, ou même un seul individu, peut nuire à toute la société sans se faire repérer[13]. » Le troisième point concerne apparemment le fait que des chrétiens furent aussi massacrés dans le carnage anti-juif : « Et maint crestien ensement [de cette manière] / En morurent honteusement », comme si la mortalité des représailles était englobée dans la mortalité de la peste et qu'il y avait même amalgame.

On voit se croiser deux rapprochements que l'étymologie souligne en associant, d'un côté, borde et bordel, et, d'un autre côté, ladre et malandrin. Le pathologique est ainsi socialisé comme est « pathologisé »

12 Voir Jean Delumeau, *La Peur en Occident*, XIVe-XVIIIe siècles, Paris, Fayard, 1978, p. 131-132. Voir aussi *Les accusations d'empoisonnement portées pendant la première moitié du XIVe siècle contre les Juifs et les lépreux*, IVe congrès international d'histoire de la médecine de Bruxelles, Anvers, 1927, p. 6-7.

13 R. Girard, *Le Bouc émissaire*, Paris, Grasset, 1982, p. 27. La théorie du complot par empoisonnement refait surface en 1832 lors de l'épidémie de choléra qui sévit à Paris.

le social[14]. Il y a deux visions des communautés qui s'organisent autour de la lèpre. Une vision de salut spirituel et de sécurité matérielle est en partage aux léproseries (dites aussi maladreries), mais une vision de désordre et de débauche est celle, au contraire, où sont stigmatisés les groupes humains de lépreux précarisés qui non seulement préexistent à l'institution des léproseries mais aussi coexistent avec elle. On prend contre les lépreux des mesures analogues à celles existant contre les pauvres et les prostituées. La soi-disant collusion conspiratrice entre Juifs et lépreux des procès de 1321, qui les placent en position de victimes émissaires, est enracinée dans l'opinion que le bain de sang de nourrissons guérit de la lèpre et que les lépreux tuent les nouveau-nés comme on dit que font les Juifs. Au-delà de l'oscillation du fléau, de l'exil à l'asile et de l'asile à l'exil, il y a projection de tous les maux qu'on éloigne, en même temps qu'on les identifie, pour en faire une épreuve. Il y a persécution quand l'élection tourne à l'expulsion. L'élection, c'est le lépreux choisi par Dieu pour *porter* la maladie. L'expulsion, c'est son éviction du « camp » pour éviter que l'impureté ne l'infecte en mélangeant le pur et l'impur, en relâchant subséquemment le lien social. Aussi, ce n'est pas tant le danger de contamination que celui d'indifférenciation qui joue. Pour le dire avec René Girard, « les catégories victimaires paraissent prédisposées aux crimes indifférenciateurs ; ce n'est jamais leur différence propre qu'on reproche aux minorités [...], c'est de ne pas différer comme il faut, à la limite de ne pas différer du tout[15]. » La lèpre est certes un mal à gros différentiel extérieur, elle n'en brouille pas moins la perception du système anatomique. « Si l'infirmité, même accidentelle, inquiète, c'est parce qu'elle donne une impression de dynamisme déstabilisant. Elle paraît menacer le système en tant que tel. On cherche à la circonscrire mais on ne le peut pas ; elle affole autour d'elle les différences qui deviennent monstrueuses, elles se précipitent, se télescopent, se mélangent, à la limite menacent de s'abolir. La différence hors système terrifie parce qu'elle suggère la vérité du système, sa relativité, sa fragilité, sa mortalité[16]. »

Le passage en revue par Ambroise Paré des symptômes de la lèpre offre une sémiologie tout à la fois complète (étant donné l'état des

14 Voir F.-O. Touati, *op. cit.*, p. 711.
15 R. Girard, *op. cit.*, p. 34.
16 R. Girard, *ibid.*

connaissances au XVIe siècle) et très hétérogène. Un premier chapitre est à dégager les symptômes au « commencement » de la maladie. Trois d'entre eux se réfèrent à ce qu'on sait déjà depuis le Lévitique : alopécie (« chute de poil »), ulcération (de la bouche) et changement de pigmentation (« mutation de couleur naturelle en la face »). Quatre autres ont rapport à la soif (« altération »), la voix (« mutation de voix »), l'haleine (« forte et puante ») et l'érotomanie (« désirent fort l'acte vénérien »)[17]. La confirmation succède à la préparation de la maladie, le diagnostic aux prémices. Pas moins de vingt symptômes interviennent alors : 1° pilosité régénérée partiellement, racines arrachées présentant des lambeaux charnus ; 2° nodosités (« grains ronds et durs ») aux sourcils et derrière les oreilles ; 3° déformation de celles-ci (« rondes, grosses, épaisses et tuberculeuses ») ; 4° du front (« ridé, comme un lion, dont aucuns ont appelé cette maladie *morbus leoninus* ») ; 5° fixité du regard accompagné d'inflammation des yeux (« comme chats ») ; 6° corrosion du cartilage nasal et tuméfaction de la face ; 7° des lèvres et des gencives en particulier, dont les dents sont déchaussées ; 8° « langue enflée et noire, et [...] dessus et dessous des tubercules, ou petites glandulettes ou grains, comme on voit aux pourceaux ladres, et les veines en-dessous apparaissent grosses et variqueuses. Et pour le dire en un mot, ils ont toute la face tuméfiée et couperosée, de couleur rouge, obscure, lucide et les yeux flamboyants, hideux et épouvantables à regarder, comme satyres » ; 9° exhalaisons nauséabondes (« Leur haleine est fort puante, et généralement tous les excréments qui sortent de leurs corps... ») ; 10° enrouement de la voix, difficultés respiratoires ; 11° desquamation (« ils ont *morphea* et défédation universelle de la peau, et l'ont pareillement crépie comme une oie maigre déplumée... aussi ont plusieurs dartres et vilaines gales, desquelles souventes fois sortent des croûtes comme écailles de carpe ou autres poissons, et ont aussi plusieurs glandules... ») ; 12° sensation de chaleur et de picotement dans tout le corps ; 13° atrophie des muscles entre le pouce et l'index ; 14° « diminution de la faculté sensitive » ; 15° insensibilité des extrémités, qui « tombent [...] en la déclinaison » ; 16° cauchemars ; 17° érotomanie suivie de répugnance au sexe ; 18° urine « épaisse comme celle des juments, et quelquefois subtile, blafarde et de couleur cendrée et fétide » ; 19° « sang fort gros, aduste, et

17 A. Paré, *Traité de la peste, de la petite vérole et de la rougeole, avec une brève description de la lèpre*, Paris, Imprimerie d'André Wechel, 1568, p. 263.

de couleur noirâtre et plombine » ; 20° « pouls fort débile et languide ». Or, écrit Paré, « des signes susdits, les uns sont univoques, c'est-à-dire qui démontrent véritablement la lèpre, les autres sont équivoques ou communs, et survenant à d'autres maladies qu'à icelle lèpre ; toutefois servent grandement à la connaître[18]. » Une « ladrerie parfaite » est celle où « toutes ces choses-là, ou la plupart, sont trouvées[19]. »

Ce qu'une sémiologie comme celle élaborée par Ambroise Paré montre est bien la possibilité d'indifférenciation de symptômes « équivoques ou communs ». Leur inflation n'a d'équivalent que leur indécidabilité. Ce n'est que dans leur convergence et leur condensation que la maladie peut être identifiée. D'où ce corollaire à la fois diagnostique et prophylactique : isoler, mais concentrer. Focaliser la diversité de manière à différencier ce qu'elle a d'indéterminé. Mettre en conformité la prolifération bigarrée des signes avec l'établissement d'une entité synthétique. Une telle opération, nous la rencontrons dans l'institution du Ghetto. Le Ghetto, c'est d'abord un quartier suburbain de Venise où sont installés des Juifs. En 1515, il est déjà question de les déplacer sur une île (île de la Giudecca, île de Murano) pour les contraindre à vivre en périphérie. Mais la décision qui l'emporte, en 1516, est finalement de les éloigner vers une extrémité de la ville, à l'endroit des rejets d'une fonderie de cuivre entouré par un canal et donc en position d'insularité plus ou moins fortifiée (« qui ressemble à un château[20] »). La distance est renforcée par la clôture : une enceinte[21] est conçue pour être percée de deux portes surveillées par des gardiens (Chrétiens rétribués par les Juifs eux-mêmes) et par des embarcations qui circuleront le long de canaux murés pour la circonstance, après couvre-feu. Les demeures, évacuées par leurs anciens propriétaires ou locataires et que les nouveaux occupants louent (sans droit de propriété) pour un tarif augmenté d'un tiers sur ceux pratiqués pour les Chrétiens, sont transformées de manière à condamner les portes ouvrant sur l'extérieur, aveugler les fenêtres et ménager des séparations nettes entre les hôtes au moyen de division des pièces et des espaces, à l'image des dispositions déjà prises à Venise

18 *Op. cit.*, p. 264-265.

19 *Ibid.*

20 Cité par Donatella Calabi, *Ghetto de Venise, 500 ans* (traduit de l'italien par Marie-George Gervasoni), Paris, Liana Levi, 2016.

21 Elle ne sera pas réalisée.

envers les étrangers (notamment les Turcs ottomans) dans des hôtelleries ou des entrepôts de la ville. Avec l'accroissement de la population du Ghetto, ces divisions se multiplient rapidement jusqu'à subdiviser les immeubles en appartements de plus en plus petits. Le fractionnement se double ainsi de réduplications du Ghetto. Deux autres Ghettos (*Ghetto Vecchio*, *Ghetto Nuovissimo*) font suite au premier (*Ghetto Nuovo*), formant trois secteurs contigus qu'on fait communiquer par un pont mais que continue de diviser la répartition de la population juive en groupes ou nations (levantine, allemande, hispano-portugaise).

Il n'est pas sans intérêt de rapprocher le Ghetto du Lazzaretto vénitien. Disposés autour d'un espace ouvert, ils sont structurés de manière à remplir une condition non seulement de surveillance optimisée mais aussi d'incorporation d'un nombre élevé d'occupants qui s'organisent en autarcie dans un espace commun. L'exclusion première est corrigée par une inclusion qui l'alimente incessamment. Le but est en effet la ségrégation sanitaire ou sociale ; il est aussi, corrélativement, l'insertion par enchâssement des lieux, par communauté des gens. Pas plus qu'aux passagers sains mis en quarantaine au *Lazzaretto Nuovo* (tandis qu'on réserve au *Lazzaretto Vecchio* l'isolement des pestiférés), il ne s'agit d'interdire aux Juifs une ville au développement de laquelle on veut qu'ils participent au contraire. Et si le statut d'étrangers les discrimine et les précarise, il les protège au sens où le Ghetto peut être perçu comme une alternative aux expulsions dont sont victimes les Juifs espagnols et portugais. Mais on voit bien ce qu'a d'ambivalent le Ghetto. Simultanément refuge et résultat de persécutions, le Ghetto combine aussi deux stratégies : l'éloignement les exile au bout de la ville[22] à la façon de lépreux ; l'enfermement les tient sous contrôle à la façon de pestiférés. Que la persécution revienne, alors il suffira de puiser dans le Ghetto de quoi déporter plus loin la population qu'on y trouve à l'état de concentration voulu pour en disposer. Venise annonce ainsi Varsovie. Varsovie préfigure évidemment les camps nazis. Si les institutions de la *Sanità* (Conseil de santé, 1486) et du *Ghetto* (1516) sont quasi contemporaines, à Venise (où Girolamo Fracastoro, l'un des premiers, défend la thèse de la contagiosité de la peste[23]), on le doit sans

22 Il est à noter que les autres ghettos de la péninsule italienne se trouvent en général au centre des villes.

23 G. Fracastoro, *Il contagio, le malattie contagiose e la loro cura*, 1546.

doute à la configuration de la lagune en archipel, à la fragmentation de la ville elle-même en îles urbaines. On le doit encore à la situation de la Sérénissime au sein d'un réseau de voies terrestres et maritimes imposant tout à la fois la gestion d'une économie capillaire et l'administration d'un gouvernement panoptique avant la lettre. On le doit surtout, peut-être, au basculement, signalé par Michel Foucault, d'un « droit de mort » en « pouvoir sur la vie ». La mort sociale exercée par le Souverain sur l'individu lépreux ferait place au « biopouvoir » orchestré tant sur le corps humain que sur le corps social. « Les disciplines du corps et les régulations de la population constituent les deux pôles autour desquels s'est déployée l'organisation du pouvoir sur la vie[24]. »

Nous verrons ce qu'il en est dans les colonies. D'ores et déjà, cependant, trois restrictions se présentent. On sait que Foucault ne situe pas la discipline « anatomo-politique » des corps avant le XVIIe siècle, et la régulation des populations, dite « bio-politique », avant le XVIIIe. Il faut ici rappeler ceci, comme le fait Gérard Fabre : « Une institution n'est pas un jouet aux mains du groupe dominant. Elle est le réceptacle symbolique de courants culturels parfois opposés. Elle génère une matrice sociale qui donne un sens aux conduites des acteurs en légitimant leurs règles et pratiques[25]. »Ainsi, par exemple, une historiographie du Ghetto met de plus en plus en avant la valeur d'indépendance autarcique (autorégulation sociale) au lieu de la fonction de soumission politique (oppression de la minorité juive) On se doute, au demeurant, qu'un écart existe entre les intentions stratégiques et les réalisations pratiques. « Si l'on prend au sérieux l'hypothèse du biopouvoir, il importe certainement de ne pas s'en tenir aux seuls discours de la santé publique : il faut aussi l'étudier dans ses actions. Il ne s'agit pas de sous-estimer les effets sociaux proprement discursifs, mais de ne pas les prendre au piège des mots en supposant qu'un énoncé produit nécessairement ce qu'il énonce. Il ne s'agit pas non plus d'opposer des discours et des pratiques, mais bien de mettre en perspective des pratiques discursives et des effets sociaux pour en révéler les décalages. Ne s'est-on pas souvent trompé d'objet – et même de combat – en prenant des jeux théoriques pour des

24 M. Foucault, *Histoire de la sexualité, 1- La volonté de savoir*, Paris, Gallimard, coll. « Tel », 1976, p. 183.

25 G. Fabre, *Épidémies et contagions, l'imaginaire du mal en Occident*, Paris, PUF, 1998, p. 115.

enjeux politiques[26] », écrit Didier Fassin. C'est de ces décalages, à la fois temporels et spatiaux mais aussi cliniques (entre lèpre et peste, entre action législative ou règlements d'administration et réalités de terrain), qu'il doit être question si l'on veut faire, à présent, la géo-histoire d'une bio-histoire insulaire.

26 D. Fassin, « Biopouvoir ou biolégitimité, splendeurs et misères de la santé publique », *in* Marie-Christine Granjon (éd.), *Penser avec Michel Foucault, théorie critique et pratique politique*, Paris, Karthala, 2005, p. 165.

LA LÈPRE ET LES COLONIES

Séquestration, relégation

D'Afrique, la lèpre est introduite aux Antilles avec les esclaves. On avait pourtant préconisé des dispositions de prévention sanitaire. En témoigne une ordonnance du 3 avril 1707 aux termes de laquelle il est défendu de débarquer qui que ce soit dans les colonies sans l'autorisation d'un officier de santé visitant le navire. Il est aussi prévu d'isoler, dès leur arrivée, les passagers reconnus malades. Un arrêt pris le 14 mai 1721 par le Conseil supérieur de Guadeloupe commande aux propriétaires de séquestrer leurs lépreux dans des « lieux écartés » sous peine de 100 livres d'amende[1]. Inquiets des premiers cas, les habitants de Grande-Terre écrivent un mémoire approuvé par le roi le 16 octobre 1725 et demandant la séquestration de lépreux dans l'île de la Désirade. Une commission chargée d'étudier la question prône un impôt de 20 sous par tête d'esclave en vue de financer l'inspection médicale effectuée l'année suivante, en 1727, aux frais d'habitants qui font des dénonciations tenues secrètes au médecin missionné[2]. Le procès-verbal du dépistage est dressé le 4 mars1728 à l'intention de Champigny, gouverneur, et de Blondel, ordonnateur. Y sont indiqués les symptômes affectant 256 cas soupçonnés : 89 blancs, 47 mulâtres et 120 noirs, entre lesquels sont déclarés infectés 22 blancs, 6 mulâtres et 97 noirs. Il est d'autant plus important de bien statuer sur eux que, Bordegaraye, médecin de Saint-Pierre en Martinique, est en désaccord avec les conclusions de l'inspection. Pour lui, la prétendue lèpre est le scorbut ou la vérole et la cause en est environnementale. Un constat qui s'impose au premier médecin consulté, Peyssonnel, est que certains signes apparents diffèrent en fonction de la race, en particulier de la couleur de peau. Chez les Noirs, la peau se

---

1 Voir A. Lacour, *Histoire de la Guadeloupe*, Basse-Terre (Guadeloupe), tome I, 1855, p. 231.

2 Mais le médecin, secondé par deux chirurgiens nommés Le Moine et Molon, recueille aussi des déclarations de curés, notables et chirurgiens. Certains habitants se seraient présentés spontanément pour être examinés.

couvre d'une « espèce de dartres qui ne sont ni farineuses ni écailleuses, sans suinter aucune liqueur, mais bien d'un rouge livide et fâcheux[3]. [...] Que chez les Blancs la maladie se manifestait au commencement par des taches d'un violet livide sans douleur, lesquelles étaient suivies par des vessies pleines d'eau, surtout aux jambes qui crevaient et laissaient voir de petits ulcères, et foncés, avec des bords d'un blanc pâle et d'une nature différente des ulcères ordinaires ; qu'à mesure que la maladie augmentait, les pieds et les mains grossissaient sans qu'il parût que cette enflure fût produite par aucune inflammation, puisqu'il n'y avait ni rougeur ni douleur, ni que la partie fût dermateuse[4]. » Au-delà de l'opposition des deux médecins dans le diagnostic, il y a convergence, au niveau des symptômes, avec le tableau réalisé par Ambroise Paré deux cent quarante ans plus tôt : visages et fronts couverts de tubercules durs et grainés dans les chairs, couleur ternie, nez boursouflé, narines élargies, voix rauque, yeux ronds et brillants, sourcils devenus gros, la face et le regard faisant horreur, haleine puante, lèvres enflées, gros grains sous la langue, oreilles épaisses, rouges et pendantes, insensibilité, détachement des extrémités[5]... La quasi-totalité des noirs atteints seraient venus de Guinée portant déjà sur eux la maladie. Les mulâtres et les blancs n'en seraient attaqués que depuis vingt-cinq ou trente ans qu'on reçut de l'île de Saint-Christophe un malade appelé Clément qui pourrait avoir apporté le mal. À la question de la transmission, l'inspection répond que la voie contagieuse est limitée, mais que la part héréditaire est prépondérante.

En admettant que la lèpre est bien ce qu'en dit le mémoire de Carrel, un médecin de Fort-Royal (en Martinique) appelé lui-même à se prononcer, l'administration semble avoir eu pour intention de jouer la prudence. Une solution serait de « faire un hôpital ou des cabanes avec des planches bien séparées » de manière à « rassurer les esprits sur la contagion en leur faisant voir que le Roi veut bien leur donner tous les secours convenables et qu'il donne tous les ordres nécessaires pour éviter que la maladie ne fasse des progrès, mais il ne faut pas les intimider en donnant des ordres très sévères qui leur peignent la maladie beaucoup plus considérable qu'elle n'est en effet. On doit faire une grande différence

3 La lèpre est appelée « mal rouge » en Guyane.

4 Archives nationales d'outre-mer, C 7 A 10 f° 202.

5 C 7 A 10 f° 247-248.

entre une contagion vive, prompte et subite comme celle de la peste et une contagion lente pareille à celle que l'on attribue à cette lèpre[6]. » L'option qui l'emporte est pourtant la séquestration, qui fait l'objet d'un règlement rendu exécutoire par une ordonnance du 27 mai 1728. Il proscrit toute exportation de la Désirade. Il interdit aux parents, femmes et maris sains d'accompagner leur famille en séquestration. Passé le délai du transfert à la Désirade, il est permis de fusiller tout lépreux non séquestré dans cette île. Également fusillés seront les lépreux fugitifs et tout maître d'embarcation convaincu de complicité d'évasion. Fusillable, enfin, tout habitant qui se serait soustrait de lui-même à l'inspection médicale. On est frappé par la sévérité des articles du règlement. Quand la colonie découvre une maladie qui ne fait plus parler d'elle en France, elle adopte en définitive une exclusion pourtant farouchement combattue par le médecin du roi, Bordegaraye, contre Peyssonnel, un jeune médecin botaniste[7] taxé d'impéritie par son confrère imbu d'aînesse et de supériorité dans le rang médical. On est frappé par le mélange de principes humanitaires et de préjugés chrétiens dans l'argumentation pédante et boursouflée de Bordegaraye. Partant du postulat que la lèpre était une « maladie surnaturelle » envoyée par Dieu chez ceux des Hébreux qu'il voulait rendre « difformes à leurs compatriotes » en punition de leurs fautes et pour les dissuader de « transgresser la Loi », Bordegaraye en conclut que cette maladie « ne portait aucune contagion en elle, sans cela Dieu aurait confondu le Coupable et l'Innocent, mais elle a disparu avec la Loi de grâce, et tous les Juifs qui restent répandus par toute la terre n'en sont point attaqués. D'où vient ? C'est que Jésus a ôté et anéanti par sa mort ces fléaux visibles de la colère de son père[8]. » Seul est resté le nom d'une maladie qu'on donne encore à toutes celles qu'on ne sait ni nommer ni guérir. Il faut donc implorer la pitié pour les « malheureux accusés de lèpre par ledit Peyssonnel[9] ». En France, Helvétius est secrètement consulté par Maurepas, ministre de la Marine[10]. Il ne va

6 *Ibid.*

7 Voir Alfred Lacroix, *Notice historique sur les membres et correspondants de l'Académie des sciences ayant travaillé dans les colonies françaises de la Guyane et des Antilles de la fin du* XVII*e siècle au début du* XIX*e siècle*, Paris, Gauthier-Villars et Cie, 1932, p. 23-30 et H. Voillaume, « Un Marseillais aux Antilles, Jean André de Peyssonnel », *Bulletin de généalogie et d'histoire de la Caraïbe* n° 7, juillet-août 1989, p. 49 (?).

8 C 7 A 10 f° 224.

9 *Ibid.* f° 228.

10 *Ibid.*, lettre du 28 juillet 1728, f° 288.

pas se prononcer sur la nature de la maladie (peut-être, à l'en croire, une « union du levain scorbutique avec le virus vénérien ») mais récuse, au nom des mêmes principes humanitaires, l'idée de « jeter » les lépreux « dans une île déserte[11] ».

Deux critères ont prévalu dans le choix de la Désirade, île réputée déserte[12] et censée recevoir des vivres en provenance de Guadeloupe : isolement, donc, en même temps que proximité relative. Il s'agit de confiner sans priver pour autant de secours et de société. Le « code des lépreux » déjà mentionné promettait la distribution d'instruments aratoires assortis de semences, ainsi que des animaux (vaches, brebis, chèvres et volailles). À ceux qui ne pouvaient se pourvoir de vivres pour six mois (jusqu'à ce qu'ils puissent subvenir eux-mêmes à leurs besoins grâce à la concession de cases et de terrains), la colonie faisait les frais de subsistance. Aux esclaves, le maître était tenu de fournir la subsistance équivalente. Il est aussi fait état d'une organisation réglée : division des malades en cinq habitations de vingt-cinq individus dirigés par un blanc. Les blancs sont autorisés à bénéficier des services de deux noirs indemnes. Ils ont toute autorité sur les noirs. Il n'y a pas de séparation des sexes. En 1765, après trente-sept années de relégation, l'oubli dans lequel on a cependant laissé tomber les lépreux nous est bien résumé par un mémoire à l'attention de Nolivos, arrivé la même année dans la colonie pour y prendre les commandes : la Désirade, y lit-on, « ne contient que les mauvais sujets qu'on y fait passer de France[13]. » Une déportation remplaçait l'autre, et cette fois le but était de se débarrasser des « mauvais sujets » libertins du royaume en les transportant de maisons de force ou prisons de province à la Désirade[14]. En tout cas, pas un mot sur les quelque 160 colons qui s'y sont implantés[15], ni sur les lépreux de l'île administrés normalement par un capitaine de milice et par un curé. 80 noirs atteints de lèpre y sont pourtant vus par Huon

11 *Ibid.*, Isles du Vent, sur la maladie de la lèpre, f° 274 *sq.*

12 « On videra, de gré ou de force, la Désirade des habitants établis », précise pourtant l'ordonnance de 1728.

13 ANOM, Collection Moreau de Saint-Méry, série F3 44, f^ls 429-451.

14 Sur cet épisode, voir E. Fougère, *Des indésirables à la Désirade*, Matoury (Guyane), Ibis Rouge, 2008, et Bernadette et Philippe Rossignol, « Les "mauvais sujets" de la Désirade », *Bulletin de la société d'histoire de la Guadeloupe* n° 153 (mai-août 2009), p. 3-98.

15 Estimation faite à partir d'indications donnant à peu près 50 miliciens, soit un tiers de la population libre, à côté de 170 noirs payant des droits (Nolivos, F3 44, f^ls 444). Une autre source (Huon de l'Étang, F3 44, f^ls 442) fait état de 300 blancs pour 200 noirs.

de l'Étang[16], qui les visite en novembre 1763 au lieu-dit Cocoyer, sur la Montagne, au niveau de la ravine Cybèle, où le plateau communique avec le rivage au moyen de *tracées*. Ces lépreux (dont une quinzaine auxquels il manquerait les doigts des pieds et des mains) sont décrits rampant sur la terre et vivant de racines[17]. Huon de l'Étang les croit frappés de « maladies vénériennes invétérées[18] ».

Plusieurs documents témoignent incidemment du malheur enduré par les lépreux dans la misère, à commencer par ce qu'en dit Nolivos en visite à la Désirade en 1767 : « J'ai vu [...] les nègres et négresses relégués à la Désirade comme atteints de la ladrerie, ou lèpre, espèce de maladie qui ne me paraît qu'être la dernière période du mal vénérien, et qu'on assure être contagieux lorsqu'on respire le même air. Ces malades sont au nombre de 34, dont une quinzaine, quoique nés depuis le séjour de leurs pères et mères en cette île, et ayant déjà atteint l'âge de 15 à 20 ans, paraissent cependant se bien porter et n'ont aucun symptôme du mal de leurs parents, soit que, par vétusté, il ait perdu une partie de sa malignité, soit, comme on le dit, que quelques-unes des négresses malades n'aient eu commerce à la Désirade qu'avec des nègres ou des Blancs en bonne santé. Quoi qu'il en soit, j'ai pourvu à l'exacte séparation des pères et mères malades et des enfants bien portants ainsi qu'à la meilleure subsistance des uns et des autres, en étendant le terrain qui leur avait été accordé pour leur plantation en vivres. Il y a à leur tête un homme chargé de leur police et de veiller au travail[19] ». D'Ennery, gouverneur général de Martinique et des îles du Vent, dans un courrier du 9 juillet 1769 en réponse à la requête exprimée sur leurs droits de propriété par les maîtres d'esclaves, croit bon de rappeler qu'« un maître qui abandonne son esclave en perd au bout de quelque temps la propriété, et qu'il doit être regardé comme épave », avant d'ajouter que « c'est par le travail des nègres sains qu'on nourrit et qu'on soigne ceux qui sont malades et impotents[20] ». L'opinion du gouverneur est que « tous les nègres tant bien que mal portants » doivent être déclarés

16 Huon de l'Étang, futur sous-commissaire de la Marine en Guadeloupe, est pour l'heure, en 1763-1767, écrivain de l'établissement des « mauvais sujets » de la Désirade. Il envoie son rapport sur cette île le 1er janvier 1764.

17 Le mot désigne aussi bien les plantes cultivées pour leurs fécules, comme le manioc.

18 Lettre du 1er janvier 1764 (F3 44, fds 442).

19 F3 44 fds 444.

20 F3 44, fds 449.

acquis « comme appartenant uniquement au Roi, à charge pour lui de les faire nourrir et entretenir, et faire prendre soin des malades[21] ». On comprend qu'il s'agit d'éviter les abus de propriété mais aussi les risques de contagion résultant, sous prétexte de guérisons, de l'immixtion des populations saines et malades. Une pratique est en effet de déclarer les lépreux guéris de manière à pouvoir les rendre à la population qui les emploie sur place en qualité d'esclaves[22].

Une supplique des habitants de la Désirade à l'intendant de Guadeloupe en dit long sur ce point, demandant que soient vendus 35 noirs (enfants compris) sur les 50 actuellement séquestrés pour les employer à la construction d'une église et d'un pavillon pour le commandant : « En reconnaissance de quoi les habitants s'obligeraient de bien loyalement et fidèlement nourrir les 15 autres nègres infirmes leur vie durant puisqu'il est vrai que la terre du Roi desséchée n'est plus du tout propre à produire des vivres d'aucune espèce, que ces malheureux y meurent de faim, et que les bien portants font les vagabonds dans l'île en ne vivant que de vols, au point que si le Roi voulait continuer à envoyer des lépreux sur son terrain, il serait absolument nécessaire qu'il y établît un ordre pour qu'ils y fussent alimentés à ses frais ou à ceux des habitants de chez qui ces malheureux proviendraient, ce qui serait très difficile et très coûteux car il faudrait un magasin, garde-magasin et même une personne préposée pour empêcher la communication de ces êtres [...] avec le reste de la colonie[23]. » La requête (en date du 5 novembre 1786) est accordée, « pour éviter les brigandages », et sont ainsi réquisitionnés 6 noirs à tout faire, alors que sont purement et simplement vendus ou distribués les autres, à l'exception des plus mutilés. Le signataire, un certain Bontoux de la Blache, est un habitant nommé par Clugny pour commander les milices à la Désirade en 1788. Or il s'approprie, pour y récolter du coton, le terrain normalement réservé par le domaine royal aux lépreux dont il détourne ainsi la main-d'œuvre à son compte[24].

21 *Ibid.*

22 Voir lettre du gouverneur Clugny du 6 novembre 1786 (C 7 A 42).

23 Extrait du registre du greffe de l'intendance de la Guadeloupe et dépendances du 7 juin 1787, C 7 A 43 f° 206.

24 Baron de Clugny, « Habitation du Roi où sont les nègres lépreux », C 7 A 43. Cité par Mathias Mathurin, « La Désirade », in *Histoire des communes*, vol. 2, Pressplay (Italie), 1986, p. 180.

En 1779, un commandant de la Désirade appelé Jean Bellot-Hervagault pensait déjà plus avantageux pour le roi de reprendre les 60 carrés de son domaine alloués aux lépreux pour les mettre en valeur au profit d'un dépôt de santé des troupes coloniales. On construirait des casernes afin d'y laisser se reposer tous les soldats malades des îles du Vent, tant l'île est réputée saine[25]. Il n'est toujours, en tout ceci, question que de noirs – « une trentaine de nègres ladres », auxquels il conviendrait « d'assurer la vie de la façon que l'on jugerait convenable[26] » –, comme si les lépreux d'origine européenne avaient complètement disparu, s'ils étaient même arrivés jamais. Pour éviter que les lépreux ne restent à la fois source d'opprobre et de profit, Clugny projette, en 1787, une ordonnance « concernant l'établissement pour les lépreux à l'île de la Désirade[27] ». Elle est conçue par le nouveau gouverneur afin de redresser la situation d'un camp qui périclite en raison du non-respect persistant de l'ordonnance de 1728. L'exposé des motifs est en lui-même éloquent, qui dénonce aussi bien l'état d'abandon des lépreux que l'accaparement des terres du roi qui leur étaient concédées, forçant les malades à chercher le contact avec une population qu'ils peuvent ainsi contaminer. Nègres, mulâtres ou libres ou esclaves et même blancs sont concernés (article 1). Obligation de déclarer tout lépreux : les habitants des îles ne pourront garder chez eux aucun individu reconnu pour être lépreux (article 2). Les lépreux seront pourvus de vivres pour un an, tant en farine de manioc qu'en bœuf salé et morue, ainsi que de deux rechanges complets (article 4). Les esclaves appartiennent au roi s'ils sont lépreux. Le receveur du Domaine pourvoit au logement et à la subsistance et leur assigne une portion de terre à cultiver (article 5). Si viennent à manquer les vivres, il en sera fourni au compte du roi des magasins de Guadeloupe et distribué sur ordre de l'ordonnateur (article 6). Un

25 L'auteur appuie ses propos sur les ressources médicinales du gaïac et du pois d'Angole, utiles à l'en croire aux soins contre les ulcères. En 1787, dans sa « Lettre sur un voyage aux Antilles », le poète guadeloupéen Nicolas-Germain Léonard écrit que l'eau coulant d'une source au milieu de racines de gaïac procure aux lépreux installés à proximité « une tisane naturelle dont un bon nombre guérit ». Mais, dans une lettre du 1er janvier 1764, Huon de l'Étang, confirmant que les vertus du gaïac (entrant dans la composition d'une tisane) auraient motivé le choix de la Désirade en tant que lieu de séquestration des ladres, écrit aussi qu'« il n'y a presque plus de ces bois-là, et ceux qui y restent sont tous morts et sans écorce » (F3 44, f^ds 442).

26 *Ibid.*

27 C 7 A 43, f° 208.

gardien des lépreux[28] veillera à ce que le bon ordre soit entretenu et que sous aucun prétexte ils ne sortent de leur quartier. Les cas échéant sera construite une enceinte ou haie vive[29] à ne pas dépasser sous peine de punition (article 7). Il est interdit de vendre ou de laisser cultiver les lopins réservés aux lépreux. Tout arrangement pris avec les habitants avant cette mesure est révoquée (article 10). Il est interdit de vendre, prêter, donner aucun lépreux relégué sans avoir obtenu la permission du secrétaire d'État de la marine et des colonies (article 11). Construction de cases ou baraques (article 12), secours spirituel administré par le curé de la Désirade et droit d'inhumer (article 13), établissement d'une liste annuelle des lépreux (article 14) complètent le nouveau dispositif.

Nous disposons d'une liste élaborée par un receveur du Domaine du nom de Lalanne en 1788. Elle est conservée dans le dossier relatif aux « mauvais sujets », comme pièce jointe à la lettre envoyée par ce Lalanne à l'intendant Foulon. Ce sont 17 lépreux, tous noirs ou de couleur, logés dans 6 cases. Ils sont « 14 hors d'état de se procurer le moindre secours [...] et 3 moins malades qui ont également besoin de secours, n'ayant aucun vivre dans leurs petits jardins[30] ». Voici la liste :

Baptiste	66 ans	Un ulcère à un pied
Félix	36 ans	Un érysipèle aux jambes
Jean Louis	55 ans	Privé de ses bras
Romain	40 ans	Étique et couvert de dartres
Julien	36 ans	Couvert de dartres et décharné
Jason	25 ans	Privé de ses jambes
Marie-Jeanne	66 ans	Impotente
Pélagie	60 ans	Diverses plaies aux jambes
Reine	66 ans	Impotente et décharnée

28 Sa solde est réglementée par l'article 8 de la présente ordonnance.

29 S'il faut en croire un témoignage de Léonard en 1787 (*op. cit.*), les lépreux sont d'ores et déjà séparés des habitants sains par des bordures en caratas (du genre agave), au moyen desquels, à l'est de l'île, on délimitait les habitations (tandis qu'à l'ouest on usait plutôt de murettes en pierres). La prescription d'une haie vive pourrait donc évoquer des bordures en raquettes (du genre cactée).

30 C 7 A 43, f° 215, lettre du 2 février 1788.

Joiotte	30 ans	Privée des deux mains
Lyette	36 ans	Étique et couverte de lèpre
Claire	36 ans	Aveugle
Rosette	36 ans	Mulâtresse, étique et couverte de lèpre
Victoire fille de Rosette	7 ans	Attaquée de ladrerie
Françoise	45 ans	Mulâtresse, privée de ses bras
Louise fille de Françoise	9 mois	

FIG. 5 – Liste des lépreux de la Désirade en 1788.

De 1789, date un rapport établissant que 16 lépreux « nus en grande partie, logent sous six cases de paille très vieille ». En 1795, à l'initiative de Victor Hugues, arrivent 95 nouveaux malades en instance d'extradition depuis mars 1788. En 1808, les Anglais prennent la Désirade aux Français. L'administration restée française en Guadeloupe est priée de continuer de nourrir et de soigner ses lépreux de la Désirade. Ernouf, capitaine général de la Guadeloupe, fait la sourde oreille, et les lépreux sont alors envoyés par les Anglais sur la Grande-Terre à la Pointe-des-Châteaux puis regroupés, pour éviter leur dispersion, sur un ponton sous le vent de Pointe-à-Pitre. Ils y sont pendant plus d'un an, jusqu'au 9 août 1809 : « Un épouvantable coup de vent étendit ses ravages dans presque toutes les parties de la colonie [...]. Le ponton sur lequel avaient été relégués les lépreux, menaçant de sombrer, on fut dans la nécessité de mettre à terre ces infortunés. À compter de ce moment, l'Administration en fut débarrassée. Elle ne s'en occupa plus[31]. » La remise en activité du camp se fait sous l'impulsion de Saint-Amand, propriétaire d'établissements fumigatoires pour soigner les maladies cutanées des noirs en atelier de Guadeloupe. Il décrit le terrain qu'il a sous les yeux comme uniquement formé de « misérables ajoupas en ruines » où les lépreux ne viennent qu'aux jours fixés pour la distribution des rations[32]. Ce sont donc, en

31 A. Lacour, *op. cit.*, tome IV, p. 162.
32 ANOM, série Colonies, fonds ministériel FM 14, 48-362.

1820, quelque 70 individus « logés dans une trentaine de petites cabanes éparses, couvertes en paille, en très mauvais état, et sur un terrain vague et malsain[33]. » Saint-Amand les fait détruire au profit de « deux lignes parallèles de cabanes uniformes, plus nombreuses, plus vastes et surtout plus sainement situées[34] ».

À la fin des années 1770, en Guyane, un chirurgien nommé Bajon fait un premier signalement : « si la police était un peu plus sévère et plus exacte à Cayenne, cette maladie n'y serait pas aussi commune. Presque tous les habitants ont sur leurs habitations des noirs qui en sont attaqués ; la seule précaution qu'on a coutume de prendre est de séquestrer ces malades dans des petites cases souvent peu éloignées de celles des autres noirs avec lesquels ils sont toujours en communication. C'est ainsi que le mal se communique et se perpétue[35]. » Un médecin de la colonie compte à la même époque une trentaine de lépreux[36], qui motivent une ordonnance du 9 janvier 1777 instituant l'organisation d'une léproserie sur l'îlet la Mère[37]. Ils y sont une quarantaine en 1818, année de proclamation d'une ordonnance à peu près semblable à la première et qui porte immédiatement le nombre à 80. Ne sont concernés par la relégation que les noirs et mulâtres, esclaves ou libres. Aux blancs malades est laissée la possibilité de gagner la France à condition d'y passer dans le cours de l'année, sous peine d'être arrêtés et transportés sur l'îlet la Mère, « ce qui aura lieu nécessairement pour tous ceux qui déclareront ne pouvoir ou ne vouloir passer en Europe ». À moins d'encourir cette peine, ils s'abstiendront de toute communication tout le temps qu'ils resteront dans la colonie dans l'attente de leur départ. Aux propriétaires d'esclaves qui n'auront pas déclaré leurs malades au Conseil de santé sera infligée une amende de 500 francs par individu noir ou mulâtre, adulte ou enfant. Le dépôt de l'îlet la Mère aura soin de délivrer le reçu de chaque individu dès l'arrivée. L'anse la plus favorable au débarquement sera pourvue d'un poste chargé spécialement de veiller à ce que personne ne puisse communiquer ni accoster sur l'îlet. Les guéris seront rendus à leurs propriétaires s'ils sont reconnus guéris par

33 *Ibid.*

34 *Ibid.*

35 *Mémoire pour servir à l'histoire de Cayenne*, Paris, 1777, tome I, p. 227.

36 *Rapport des commissaires de la Société royale de médecine sur le Mal Rouge de Cayenne ou Éléphantiasis*, Paris, Imprimerie royale, 1785, p. 26.

37 ANOM, série Colonies, C 14 62, f° 51.

une visite. Il est pourtant parlé de l'îlet comme d'une « espèce d'hospice d'incurables établie de manière à ne donner aucune inquiétude à la colonie[38] », ce que signifie bien l'idée d'une séquestration sans retour et sans fin contenue dans l'article 2 de l'ordonnance[39]. En même temps que la clôture obtenue grâce à l'espace insulaire, un but est de tendre à l'autarcie : la police est conçue pour assurer l'autosubsistance à des « relégués » qui « font des plantages pour leurs vivres, et peuvent même cultiver quelques produits pour se procurer des adoucissements[40] ». Le glissement du mot séquestration vers celui de relégation qui semble avoir les faveurs de l'administration coloniale en Guyane à propos des lépreux souligne ainsi non seulement l'isolement mais aussi le confinement. La séquestration, mesure en principe exclusivement sanitaire, est doublée d'une fonction plus franchement sécuritaire. On observe en outre une racialisation de plus en plus prononcée du discours avec idée de ségrégation proprement discriminante entre populations blanche et noire ou mulâtre. Enfin, la mesure est arrêtée sans consultation ni délibération du Conseil de gouvernement parce que – se défend celui qui l'a prise en la personne de Saint-Cyr – elle est dictée par l'urgence[41]. Or on a vu que la mesure en question reprend quasi mot pour mot l'ordonnance édictée sous l'administration de Fiedmont et Malouet trente et un ans plus tôt.

Dernière apparue dans les colonies françaises ultra-marines, la lèpre arrive en Nouvelle-Calédonie trente ans après la prise de possession de l'île en 1853. Les premiers cas sont évoqués dès 1860, mais le chef du Service de santé ne fait mention de lèpre avérée qu'en 1883, du côté de Balade et de Ouegoa, dans un rapport au directeur de l'Intérieur, qui ne suit pas la suggestion d'établir une léproserie dans le cinquième arrondissement touché par la maladie. L'administration dit ne pas être informée d'une « épidémie » (c'est le terme alors employé) dont le Service de santé contesterait la réalité jusqu'en 1889. Elle continue de ne rien vouloir entendre à la proposition du médecin chef Forné de créer un dépôt de lépreux près de Nouméa pour permettre à la profession non

38 C 14 62, lettre du 23 mars 1818.

39 « Tous nègres ou mulâtres libres ou esclaves, attaqués de ladrerie, vulgairement dite mal rouge, seront transportés dans les délais fixés par la présente ordonnance à l'îlet la Mère et ne pourront sous aucun prétexte revenir à terre de l'île de Cayenne et terre ferme de la Guyane. »

40 C 14 62, lettre du 23 mars 1818.

41 *Ibid.*, lettre du 3 février 1819.

seulement de se familiariser avec la maladie, dans ce qui serait une « léproserie-école », mais aussi de pratiquer des traitements thérapeutiques impossibles en centres éloignés[42]. Mais le gouverneur Noël Pardon persiste et signe en soutenant que ce projet, politiquement dangereux, ne ferait qu'installer le « foyer d'infection » possible à l'intérieur de l'hôpital, « au cœur de la ville[43] ». En fait, argue le gouverneur, il existe une léproserie sur l'île aux Chèvres. Elle y est, dit-il, installée depuis 1889, année de détection du premier cas de lèpre européen dans la colonie. Mais le chef du Service de santé la réclame encore au Conseil général en 1891 étant donné l'augmentation des blancs libres et des métis atteints (« trois à quatre de chaque espèce ») : « il faut plus que quelques cahutes canaques pour les recevoir[44] ». On compte aussi 9 forçats malades en surveillance au centre pénitentiaire de l'île Nou. Pour les Kanak, ils sont cantonnés dans des léproseries créées dans les arrondissements de brousse. À leur intention, des fonds sont votés pour la création d'une « léproserie centrale » aux îles Belep. On est en 1892. « On peut dire que jusqu'à cette date on n'était pas sorti de la période des tâtonnements ; les mesures actuellement en cours ou en préparation paraissent de nature à enrayer la marche de la maladie devenue dans ce pays un véritable fléau : dans les tribus indigènes les lépreux se chiffrent par centaines, dans le groupe transporté [des forçats] douze cas avérés sont internés à l'île Nou ; d'après les renseignements qui [...] sont parvenus on peut évaluer à un nombre sensiblement égal le total des personnes libres (hommes, femmes, enfants) chez qui la maladie n'est pas douteuse. [...] il est nécessaire de ne pas s'arrêter aux demi-moyens[45]. »

Les questions posées par la lèpre au corps médical ont bien sûr évolué depuis sa première apparition cent cinquante ans plus tôt dans les autres colonies. L'isolement doit-il s'étendre à la totalité des malades (alors qu'il n'y a pas de plaie d'ulcération chez tous) ? N'est-il pas opportun de constituer deux catégories séparées dans les léproseries : le groupe des cas avérés, celui des cas qui n'en sont qu'au début de la maladie ? Les médecins sont-ils tenus, même quand ils agissent en dehors de toute mission officielle, à la déclaration de la maladie non

42 ANOM, série géographique Nouvelle-Calédonie, fonds ministériel FM carton 9.
43 *Ibid.*, lettre du 21 novembre 1890.
44 *Ibid.*, lettre du 19 avril 1891.
45 Carton 9, lettre du chef de service de santé Grall à l'inspecteur de santé des colonies.

seulement pour les indigènes mais aussi pour les colons et les enfants de colons ? La modalité de l'internement prononcé par une commission mixte (administrative et médicale) est-elle applicable à la condition de sortie ? soumise alors aux mêmes formalités ? Dans un but de recherche scientifique et d'humanité le service médical ne peut-il être assuré journellement (si le malade est incurable, on peut du moins le panser) ? Ne faut-il pas former pour des travaux de laboratoire un jeune médecin désigné spécialement ? Telles sont les questions soulevées par le chef de service de santé Grall[46]. Il n'est pas jusqu'à la question de contagion qui n'évolue par rapport aux pathologies contemporaines. Un rapprochement devient possible entre la lèpre et les voies de contamination suivies par la tuberculose, écrit Grall, et non plus, comme en d'autres temps, par le scorbut ou la syphilis. Un fait est que la corporation médicale (à tout le moins le Service de santé colonial) est unanime à préconiser l'isolement de la lèpre. Administrativement, le vocabulaire a changé, puisqu'il est maintenant parlé d'« internement[47] » plutôt que de séquestration/relégation, mais, du point de vue juridique, il est aussi relevé combien la rigoureuse application de deux arrêtés locaux du 28 janvier et du 23 novembre 1889 allant dans ce sens est difficile à conduire en considération des droits civiques et des dispositions du Code sur la liberté des personnes. Ce point, soulevé par le gouverneur dans une lettre du 20 février 1892, est repris par le Conseil supérieur de santé de la colonie, qui statue finalement pour que soient exécutés les arrêtés tout en reconnaissant qu'« ils atteignent l'extrême limite des pouvoirs consentis aux autorités [...] par la législation actuelle[48] ». Ils ne prévoient cependant ni l'obligation de déclaration de la maladie, ni le droit d'entrer dans le domicile des particuliers, ni l'exécution *manu militari* des opérations d'internement, ni la prise de corps en cas de résistance, observe un inspecteur des colonies, qui juge que « le souci de la santé publique et le respect de la liberté individuelle réclament une réglementation plus précise et plus complète[49] ».

L'exclusion relègue en principe à la seule île aux Chèvres, en baie de Dumbéa, non loin du chef-lieu Nouméa, les colons malades. En 1892

46 *Ibid.*
47 Carton 9, lettre du 18 mai 1892.
48 Carton 9, séance du 19 mai 1892.
49 Carton 9, lettre de l'inspecteur des colonies du 20 août 1892.

encore, ils sont cependant 20 lépreux Kanak à côté de 4 « Européens » (deux libérés du bagne avec leur fils) et de 4 « petites filles de sang mêlé », « dans un dénuement complet, n'ayant même pas les médicaments indispensables[50] », et partageant le même espace insulaire. Un crédit de 80 000 francs voté par le Conseil général en avril est calculé pour augmenter la capacité d'accueil. Un budget de 10 millions doit être alloué pour les Belep[51] où doivent, en principe encore, être envoyés près d'un millier de Mélanésiens lépreux (soit 1/40e de la population)[52]. L'opération commence en 1893 avec l'enlèvement d'une soixantaine de lépreux de l'arrondissement de Thio (tribus de Saint-Michel et de Nakéty), qui sont embarqués depuis Canala. « J'assistai à cet embarquement pour me rendre compte de l'impression réelle produite par cette mesure sur la population indigène, que M. le capitaine Martin [...] avait signalée comme absolument décidée à tout [...] pour empêcher l'enlèvement. Je ne remarquai aucune trace de dispositions hostiles ; il y eut des pleurs, des cris, des scènes émouvantes au moment de la séparation, mais aucune velléité de révolte. Il n'est pas douteux que les tribus, surtout celles qui vivent à l'écart des Européens, ne laissent pas volontiers leurs malades et qu'elles feront tout ce qu'elles pourront pour les garder, mais elles ne pensent certainement pas à s'insurger[53]. » De fait, 12 lépreux de Houaïlou s'enfuient. Des lépreux de Ponérihouen refusent également de partir, avec le soutien d'un Kanak arrêté pour cela. Ce sont 241 lépreux qu'on débarque en octobre 1892 à partir des léproseries disséminées principalement dans les localités côtières[54]. En six années, quatre nouveaux convois font monter le total à 350. Les maristes, arrivés dans le petit archipel en 1856, abandonnent la mission de Waala vingt ans plus tard, en 1875, et c'est sur les lieux de celle-ci qu'on déporte, au lendemain de l'insurrection kanak en 1878, une centaine d'insurgés mélanésiens. Dans cette localité, toujours, la léproserie s'installe après qu'on en a transféré les Belepiens sur Balade, dans le nord-est de la Grande Terre.

50 *Ibid.*

51 Mais ce ne sont que 60 000 francs que vote le Conseil privé dans sa séance du 6 mai 1892 (carton 9).

52 Carton 9, lettre de l'inspecteur des colonies du 20 août 1892.

53 Voir Extraits du rapport de tournée d'inspection de M. Gallet, administrateur principal chef du Service des affaires indigènes et de l'immigration, 19 novembre 1893 (Carton 9).

54 ANOM, série H, carton 1857 (léproserie pénitentiaire).

Avant de voir évoluer séparément les léproseries coloniales, on peut dresser le premier bilan des opérations. Si celles-ci sont suivies de déportation dans la majorité des colonies touchées, la stratégie semble avoir hésité. La cause en est, pour commencer, dans la résurgence d'une maladie que les médecins redécouvrent après un silence plus que séculaire. De là des scrupules ou des embarras de diagnostic aggravés par la confusion nosologique avec d'autres maladies. De là sans doute aussi des incertitudes au niveau de la contagiosité d'une maladie qu'on tarde à nommer pour deux raisons : parce qu'elle évoque une stigmatisation contre laquelle on s'insurge au nom de la civilisation, parce qu'on craint de semer le trouble au milieu de la population. Les propositions d'hospitalisation le disputent aux prescriptions de relégation des lépreux. La société coloniale ajoute un élément discriminatoire. Un différentiel est introduit dans des règlements qui réservent un sort à part aux colons de race blanche et aux noirs libres ou esclaves. Il est possible aux premiers (du moins guyanais) de se soustraire à la séquestration. Pratiquement, les séquestrés sont des noirs. Un problème est leur statut. S'ils sont esclaves, il y aura résistance à la confiscation de leur main d'œuvre par une administration qui ne prévoit pas d'indemniser les propriétaires ou qui, pire, demandent à ces derniers d'assurer les frais d'entretien des lépreux si ceux-ci sont enlevés. Mesure d'urgence en partie réalisée seulement, quand elle n'est pas différée[55], la mise à l'isolement des lépreux, par-delà les mots dont on la qualifie (séquestration, relégation, voire internement), n'en obéit pas moins à une constante spatiale. À l'exception près de deux camps guyanais, toutes les fois qu'il s'agira d'instaurer puis déplacer les léproseries, celles-ci le seront dans des îles.

55 Comme en Martinique.

LA DÉSIRADE, ÎLE DES OUBLIÉS

À mi-chemin de la Désirade et de Marie-Galante, à 9 kilomètres au sud-est de Grande-Terre en Guadeloupe, il existe un archipel appelé Petite-Terre. Il est formé de deux îlots coralliens, Terre-de-Haut, Terre-de-Bas, ne dépassant pas 12 mètres d'altitude. Ils couvrent une superficie de quelque 340 hectares et sont séparés par un chenal étroit profond de 4 à 5 mètres. Y fut mis en service un hôpital anglais datant du blocus de la Guadeloupe en 1808[1]. En 1846, un nommé Thionville, originaire de la Désirade et propriétaire de Petite-Terre, a le projet d'établir un nouveau camp de lépreux sur Terre-de-Haut, pourvu que les malades admis ne soient que des « mâles », à l'exclusion de tout enfant. Moyennant quoi serait endiguée la transmission de la maladie par voie de procréation. L'établissement proposé serait moins dispendieux qu'à la Désirade, où l'entretien d'un mur de séparation, non content de mettre à l'étroit, ne sert à rien pour empêcher vraiment la communication. Les femmes et les enfants seraient seuls à rester sur la Désirade après le transfèrement des hommes, et la place ainsi libérée pourrait dès lors être occupée par des lépreuses en provenance de Martinique[2]. Il n'est pas donné suite au projet, mais on voit assez comment la double insularité consiste à surinsulariser les lépreux par division des sexes et spécialisation des lieux.

Le suréloignement, doublé d'un surenfermement des lépreux, se vérifie dès avant leur conduite à la Désirade. Il en est parlé dans une séance du Conseil privé le 5 janvier 1828, alors que le camp de la Désirade est sous la direction de Saint-Amand depuis 1820. Les lépreux signalés par la police, apprend-on, sont arrêtés puis mis en dépôt dans les prisons de Marie-Galante et de Saint-Martin jusqu'à leur évacuation, retardée par la modicité du prix fixé par la colonie

1 A. Lacour, *op. cit.*, t. IV, p. 117.

2 ANOM, série géographique Guadeloupe, fonds ministériel FM 14-48, carton 362. Extrait d'une note de M. Thionville du 8 juillet 1846.

pour leur transport aux caboteurs[3] et par « les soins assidus qu'il faut donner à la garde des malades dont ils sont responsables dans la crainte qu'ils ne s'échappent[4]. » Une alternative est l'adjudication du transport à Saint-Amand, privatisation qui fait de la lèpre un marché. C'est dans le même esprit que la direction générale de l'Intérieur, en Guadeloupe, estime important d'augmenter la population du camp pour exiger du « fermier » (Saint-Amand) des « conditions plus favorables aux infortunés[5] ». Mais la Martinique, en refusant de partager les frais d'un établissement de lépreux commun[6], fait obstacle à cette augmentation. L'effectif est pourtant croissant. De 71 malades au 1er janvier 1820, le chiffre monte à 188 au 1er janvier 1828, où 171 nouveaux (sur 109 existants) sont dénombrés[7].

Saint-Amand fait la proposition de construire un nouveau camp pour en augmenter la capacité contre augmentation du prix de la journée de malade à 1 franc par lépreux noir (au lieu de 76 centimes), alors que le prix reste 1 franc 50 par blanc. La différence entre lépreux noirs et blancs vient de la quantité de vêtements délivrés : deux chemises et deux jupes ou pantalons pour les premiers, trois pour les seconds, mais ces derniers ne sont pas représentés. Le contexte est celui de la prolongation de 20 ans du bail. Or on reproche à Saint-Amand de faire travailler les lépreux sur des plantations pour son compte et sous son autorité. La commission chargée de lui garder sa confiance en constatant que le travail est bien rétribué, d'une part, et qu'il ne s'agit que d'entretien des locaux, d'autre part, est amenée, de plus, à statuer sur le nouveau camp de Saint-Amand par l'examen du terrain, des constructions, des rations, des divisions par classes de malades et par degrés de maladie. Le choix du terrain s'est fixé sur 15 carrés de terre appartenant à la colonie du côté de Baie-Mahault, de préférence au lieu-dit Cocoyer, sur la Montagne (à proximité du morne Cybèle), et du Souffleur, sur la côte

3 1 franc 62 par homme au lieu de 20 pour un passager normal, ou même un peu plus en fonction des distances.

4 FM 14-48, carton 362.

5 *Ibid.* Extrait du compte moral et raisonné concernant la situation du service de la direction générale de l'Intérieur à la Guadeloupe (année 1828).

6 Un arrêt du Conseil souverain de la Martinique en date du 10 novembre 1786, applicable à Sainte-Lucie, reconnaît pourtant la nécessité non seulement d'isoler les lépreux de la colonie mais également de les envoyer vers la Désirade.

7 FM 14-48, carton 362. Le trou de 79 est expliqué par une moyenne de 10 morts annuelles.

Est, où demeurent encore une quinzaine de descendants des premières installations. Le terrain du nouveau camp de Baie-Mahault se trouve en zone inondable (en raison de sources d'eau) mais d'un facile assèchement. Les logements sont dans la partie la plus élevée d'un site en amphithéâtre à deux lieues du bourg.

Les constructions se composent de « deux rangs de cases placées sur deux lignes parallèles, 24 de chaque côté entièrement semblables aux cases basses que l'on voit sur les habitations de la colonie[8]. » Leur disposition les situe de part et d'autre d'un espace orienté est et ouest : « il s'ensuit que la brise régnante chasse dans toute sa longueur les miasmes qui pourraient s'y former[9]. » La commission d'inspection préconise un mur de clôture haut d'1 mètre 40 et garni de débris de bouteilles et de raquettes piquantes extérieures plantées à distance de 3 mètres. Il est nécessité par l'impossibilité de creuser des fossés de séparation dans le roc, et sa hauteur est calculée de manière à ne pas arrêter la circulation de l'air, et parce que les malades « attaqués par les extrémités[10] » n'ont aucune agilité. La police est assurée par l'entrepreneur. Il a demandé des fers et des chaînes à la colonie. L'état des malades a fait rejeter ce moyen de correction comme impraticable (étant donné la perte ou l'insensibilité des membres) et comme inhumain. La commission préfère un petit édifice en maçonnerie de 4 cachots.

Les rations de nourriture hebdomadaires étaient de 2 litres de morue, 2 litres de farine et ½ litre de riz. La proposition vise à l'étendre à 3 litres pour la farine et la morue, 1 litre pour le riz. Par décision du 12 août 1830, le Conseil privé de Guadeloupe augmente la ration des gens de couleur (métis) à 5 litres de farine, 1,5 kilo de morue, 750 grammes de riz, 500 grammes de légume sec et d'huile d'olive. Le noir (esclave) est à 5 litres de farine, 1,5 kilo de morue, 750 grammes de riz. La division des malades est fonction de la même hiérarchie de couleur et du degré de la maladie. Des grillages en bois perpendiculaires à la « rue » sont prévus pour séparer les bâtiments de telle façon que l'air ne soit pas intercepté ni le coût de l'opération trop élevé puisque ces séparations peuvent être changées presque à volonté sans nouveaux frais. La décision prise est de laisser les dix constructions nouvelles à prévoir à la charge de

8 *Ibid.* Rapport de la direction générale de l'Intérieur du 22 avril 1830.
9 *Ibid.*
10 *Ibid.*

l'entrepreneur et de consentir, à l'expiration du nouveau bail, à les céder au gouvernement de la colonie. Il est aussi décidé de ramener le franc demandé par malade à 90 centimes. En définitive, on acquiesce au prix d'1 franc la journée de malade et même à la prolongation du bail à quinze années plutôt que dix initialement fixées, récompense de la satisfaction montrée par la direction générale de l'Intérieur pour le doublement de la population des lépreux de la Désirade entre 1826 et 1831.

Cette population ne fait que croître, en effet. La communication d'un médecin de Guadeloupe, ayant lui-même obtenu l'envoi de 3 lépreux sur un simple certificat, fait état de 162 malades entrés dans la léproserie de la Désirade entre décembre 1800 et mars 1825[11]. En 1831, ce sont 188 malades[12]. En novembre 1833, leur nombre est de 204 (109 hommes et 95 femmes, 21 libres et 183 esclaves, 54 enfants dont 39 garçons – 5 libres et 34 esclaves – et 15 filles – 3 libres et 12 esclaves). En 1835, ils sont 213, avant que les chiffres ne diminuent : 166 en janvier 1837 (161 en décembre), 151 en janvier 1841 (135 en décembre), mais 194 en 1845. Une visite inopinée d'un délégué de la direction de l'Intérieur, en 1833, décrit 70 chambres où les lépreux sont répartis par familles ou par convenances et par niveaux d'intensité de la maladie. L'enceinte est divisée par des grillages en 4 cours équipées d'un bassin d'eau courante arrivant d'un canal. À chaque extrémité s'élève un pavillon. Celui de droite, en entrant, sert de magasin. Les trois autres ont fonction d'hôpitaux. Dans « toute l'étendue des limites du camp », la liberté de mouvement des lépreux leur permet de cultiver des jardins plantés de coton, de maïs et de millet. Certains se livrent à la pêche[13].

Autant l'inspection de 1833 se borne à faire un état des lieux plutôt positif, autant la visite effectuée courant janvier 1836 est alarmante : absence de police et de pharmacie, registre matricule en défaut, lépreux couverts de loques et vivant hors des limites du camp pour au moins 6 d'entre eux. Le Conseil colonial en est à réclamer l'organisation d'un service de santé permanent pour les lépreux quand le Conseil privé de la colonie demande une diminution des dépenses d'entretien du camp.

---

11 *Ibid.* Il en serait mort 53. Sur 15 enfants nés de parents lépreux, 11 auraient contracté la maladie. Communication sur le camp des lépreux de la Désirade par le docteur Fanière (4 juin 1831).

12 Ce chiffre est donné par Saint-Amand dans une lettre du 15 septembre 1852.

13 *Ibid.* Extrait du compte moral et raisonné de l'inspection de la Guadeloupe (année 1833).

Désormais, la politique est non seulement de ne plus accepter de lépreux mais de renvoyer les malades esclaves à leurs maîtres et les libres à leurs familles, ou de faire tenir compte à celles-ci de la dépense occasionnée par leur présence au camp. Nous sommes au début de l'année 1839, à l'approche de l'expiration du bail exigée par le retrait des 5 années de prorogation de ce bail au vu du mauvais état des lieux de 1836. Or on passe avec le même entrepreneur un nouveau marché, signé le 4 février 1841. Les commissions se suivent. Encore à l'étude en 1840, la question du maintien des charges et des lépreux dans le camp reste en suspens, de même que la question de séparation des sexes et de l'affectation d'un docteur attitré. Quand un nouveau contrat d'entreprise est passé pour 5 autres années, le camp n'a pas été visité depuis 5 ans malgré la préconisation d'inspections périodiques inopinées tous les 3 mois. Si bien qu'on ne sait pas si le renforcement de la division des sexes en isolant les cours au moyen d'un mur de séparation, voire en rehaussant le mur extérieur, est entrepris. Par contre, en 1848, à l'adjudication du marché causée par le départ en France de Saint-Amand, le prix payé par journée de malade, déjà tombé de 0,90 à 0,80, tombe encore à 0,70 franc.

Le rebondissement vient du nouveau statut de 1850. La léproserie passe en effet sous le régime de réglementation des établissements de bienfaisance et des prisons. Le fait décisif est l'abolition de l'esclavage. Un mot prononcé dans la séance du Conseil privé du 19 juin 1850 résume on ne peut mieux la situation : « La léproserie est une institution de l'esclavage[14]. » Il en résulte un débat né du sort des enfants de parents lépreux du camp. « Bien que ces individus fussent tenus séparés, au moins par sexe, et qu'ils fussent surveillés, les incitations de la vie de réclusion et d'isolement ont été pour eux si grandes qu'ils ont déjoué toutes les précautions, effectué des rapprochements, et qu'ils ont propagé. [...] c'est ici que surgit la difficulté, car ces individus sont [...] fondés à invoquer la liberté[15]. » S'il est vrai qu'« il y a, dans diverses parties de la colonie, des personnes atteintes du même mal », on est obligé d'« appliquer un principe uniforme » au-delà des divisions de couleur. C'est reconnaître que l'établissement de la Désirade est à réformer pour éviter qu'il ne reste une institution raciale où les colons blancs ne sont pas internés. Deux solutions se présentent alors : 1° une salle d'asile excluant la séquestration

14 *Ibid.*
15 *Ibid.*

forcée mais incluant *tous* les lépreux sans distinction sociale, 2° un lieu de détention « où seraient retenus les condamnés par jugement et qui ne pourraient subir leur peine avec d'autres condamnés[16] ». Prendre au mot la nouvelle association qui préside à la réglementation des établissements de *bienfaisance* et de *prison* suppose en effet le choix d'un des deux termes à l'exclusion de l'autre.

Il s'agit d'examiner si le droit qu'a la société de se protéger n'est pas contradictoire avec la loi qui garantit les libertés. La salubrité publique est-elle compatible avec le maintien des libertés de la société civile ? Un amalgame administratif apparaît d'ores et déjà dans l'arrêté local du 9 novembre 1849 qui fixe les rations de nourriture à délivrer dans les prisons, les salles d'asile, les ateliers de discipline, la léproserie et le dépôt des aliénés. Au moment de se recomposer, la société coloniale expose à nu la dimension carcéro-disciplinaire commune aux diverses institutions du nouveau règlement. C'est quand on parle enfin de médicaliser celles-ci (par attachement d'un médecin) que la confusion des logiques éclate au grand jour. Un extrait du mémoire écrit par Aubry-Bailleul sur la colonie dont il a le gouvernement met bien l'accent sur les enjeux politiques et cliniques en Guadeloupe. Est reposée la question de la contagion dans l'actualité de l'émancipation : si la lèpre n'est pas contagieuse, « l'administration a-t-elle le droit de contraindre ceux qui en sont atteints à la séquestration ? Si oui, peut-elle les laisser sans les secours de l'art, sans pansements, sans soins autres que ceux de l'alimentation ? Questions qu'il importe de résoudre car elles ont acquis un plus grand degré d'actualité depuis l'émancipation[17]. » C'est d'après l'idée formulée lors de l'inspection de 1833 : « il faut que la maladie ait forcément son cours » (aucun espoir de guérison) que les traitements de « désinfection » par fumigation (mercure, sulfure, aromates), démontrés de peu d'utilité, sont de toute façon refusés à des lépreux qu'aucun officier de santé ne vient visiter. L'idée d'hospitalisation n'en fait pas moins son chemin mais c'est le statu quo qui va l'emporter.

Le choix qui s'offre à la réforme est celui de l'organisation des prisons : l'entreprise ou la régie. Les inconvénients de l'entreprise ont leur explication dans le souci d'économie manifesté par le retrait de l'État : « le double mobile de la concurrence et de la spéculation fit tomber le

---

16 *Ibid.*

17 *Ibid.* Extrait du mémoire d'ensemble du gouverneur de la Guadeloupe pour 1852.

prix des journées à un taux (0,70 f) insuffisant pour comporter tout à la fois le bénéfice entrevu par les nouveaux fermiers et l'exécution loyale et délicate de leurs engagements sans compromettre leurs intérêts[18]. » Celui qui dénonce ainsi le système est candidat lui-même à sa succession puisqu'il n'est autre, encore lui, que Saint-Amand, l'ancien entrepreneur et directeur du camp des lépreux jusqu'en 1848. Il entend restaurer les bâtiments de la léproserie contre augmentation du prix de la journée du malade à 0,85 franc par marché passé de gré à gré. Mais les temps changent, et c'est vers la régie qu'on s'oriente avec un administrateur (Auguste Pic), en place en 1852 jusqu'en 1857, et un nouveau mode d'organisation de ce qu'on appellera désormais l'*hospice* des lépreux. Devant l'« espèce d'abandon » dans lequel est tombée la léproserie, le but est de donner à la régie nouvelle « un caractère et des règles administratives[19] » en accord avec un arrêté pris localement le 24 juin 1854 sur les hospices. Un point de réforme est la substitution d'un commissaire de police à l'entrepreneur aussi bien qu'au surveillant du camp de la Désirade. À lui de concentrer dorénavant les obligations de police et de fourniture des vivres, aux côtés d'un aumônier, qu'on fait venir en 1860, et d'un médecin visiteur.

Une autre mesure est la constitution de commissions placées directement sous l'autorité de l'Intérieur. Il est en effet rappelé que la question des lépreux relevant de l'ordre public, elle ne dépend plus de la commune (appelée, dès lors, à n'assister la régie qu'à titre consultatif au sein des commissions constituées) mais du Service colonial en ayant la charge. Aussi, pas plus que la commune, les familles ne sont-elles astreintes au remboursement des journées des malades. On évite ainsi d'obliger les communes et les familles à cacher leurs malades, au détriment de la santé publique, « pour se soustraire à une charge dont elles ne pourraient calculer la durée[20] ». Mais, de la même façon que la réglementation joue sur les deux tableaux de la bienfaisance et de la prison, de même on maintient le principe du remboursement pour les lépreux qui seraient en état d'y satisfaire : « Il en sera trop rarement fait application[21] »... Le modèle est celui des établissements généraux de bienfaisance entretenus

18 *Ibid.* Lettre de Lajarthe Saint-Amand jeune (15 septembre 1852).
19 *Ibid.* Délibérations du Conseil privé, séance du 2 octobre 1854.
20 *Ibid.*
21 *Ibid.*

par l'État, du type Quinze-Vingts, régis par une ordonnance et par un arrêté ministériel des 21 février et 22 juin 1841. Nous ignorons presque tout des répercussions de la régie sur le camp des lépreux. Tout juste apprenons-nous que la fonction de régisseur est assurée par trois sœurs hospitalières de Saint-Paul à partir de 1859[22] : « C'est une amélioration que réclamait l'humanité[23] ». Par contre on sait que la léproserie connaît un essor important du nombre de lépreux qu'on enregistre à leur entrée. Les entrées passent en effet de 91, entre 1800 et 1850, à 236 entre 1850 et 1857. Il est entré 255 malades entre 1860 et 1887[24].

Pris entre les devoirs charitables et les nécessités sécuritaires, entre les questions de santé publique et d'organisation sociale, on est surtout préoccupé des stratégies de gestion. De l'entreprise à la régie, la politique est plus une politique sur la lèpre que contre la lèpre. Et pour cause : *il faut que la maladie ait forcément son cours.* Au-delà du changement des mots, qui fait maintenant parler d'hospice, il appartient encore à l'autorité de « contraindre les lépreux qui blesseraient les regards par le spectacle de leurs difformités de se retirer à la Désirade[25] ». Il n'y a rien qui marque mieux cet escamotage en forme de débarras que la façon dont les malades atteints du pian sont traités. La bactérie du tréponème à l'origine de cette maladie mutilante offre aux yeux des médecins coloniaux des symptômes en partie comparables à ceux du bacille responsable de la lèpre[26]. En tout cas, le discours est celui qui rejoint le constat d'une endémie dont l'augmentation des malades, au lendemain de l'abolition de l'esclavage, est causée par le contact des populations noires entre elles et s'explique en raison du milieu géographique et social : humidité tropicale et situation de précarité sont les deux critères avancés pour expliquer la propagation du pian comme ils l'ont été pour la lèpre. Or, le discours prophylactique a changé. Certes, il importe encore de « séparer du reste

22 Mais la demande d'envoi de deux sœurs de charité par la Supérieure de l'hôpital de Basse-Terre est déjà faite en 1848.

23 *Ibid.* Délibérations du Conseil privé, séance du 17 novembre 1859.

24 *Cf.* Honoré Lacaze, « Lèpre et pian aux Antilles, léproserie de la Désirade », *Archives de médecine navale et coloniale* n° 55 (1891), p. 38-39.

25 *Ibid.* Délibérations du Conseil privé, séance du 19 décembre 1840.

26 « On est fondé à se demander si le pian n'est pas une des formes de l'affection générale connue sous le nom de lèpre et qui se traduit également par deux altérations du tissu cellulaire et de la peau, l'une tuberculeuse, *léontiasis*, l'autre hypertrophique, éléphantiasis, indépendamment de la forme connue sous le nom de lèpre vulgaire. » *Ibid.* Note de l'inspection générale du Service de santé de la marine (24 septembre 1857).

de la population tous les malades atteints du pian [...] dans un local particulier », mais ce local serait soit l'ancien hospice civil de Basse-Terre (où sont en traitement trois lépreux), soit une « maison » de la commune où les cas de pian sont signalés (Vieux-Habitants)[27]. S'il est toujours fait mention des attendus topographiques habituels (un lieu si possible élevé non loin d'un cours d'eau), c'est sur la fréquence et proximité des soins qu'on insiste. Il faut exercer la surveillance en isolant la maladie mais il ne faut pas éloigner les malades.

On voit la révolution qui s'amorce : une clinique hospitalière est bien en voie de conception, qui fait du contact avec « le mal à sa naissance[28] » une condition de son traitement. C'est à la source et sur les lieux qu'il convient d'empêcher la propagation, non dans un lointain de relégation. C'est pourtant toujours aux confins de la colonie que le Conseil de santé va recourir en envoyant finalement les pianiques à la Désirade, aux côtés des lépreux. La mesure est justifiée par l'état des finances : « C'est à la Désirade qu'on fera le moins de dépense[29] ». Elle est présentée, dans l'article premier d'un arrêté du 10 juillet 1857, comme ne concernant que ceux « qui ne se soignent pas », par façon d'entériner le paradoxe d'une affection reconnue guérissable et cependant mise au niveau d'une autre, encore incurable. Un bilan revient donc, avec la gestion de la léproserie par les sœurs, à faire le constat d'une évolution vers un mode d'organisation caractérisé par ce qu'il n'a cessé d'être : un établissement pour indigents, mixte de bienfaisance et de coercition. Les changements sociaux survenus du fait de l'émancipation ne changent, au fond, rien à la donne initiale. Ils donnent, au contraire, un argument de plus à l'abstention d'une colonie comme la Martinique.

On sait que la Martinique a longtemps refusé la séquestration de ses lépreux. Deux motifs ont généralement prévalu : le nombre estimé très limité de ses malades (une cinquantaine en 1832[30]), le coût des dépenses afin de les faire administrer par Saint-Amand, qui les sollicite à son profit. Sur ce dernier point, le Conseil privé de la colonie refuse encore une fois de voter dans sa séance du 18 décembre 1843. Les délibérations présentent un intérêt qui permet de compléter les conclusions sur la Désirade, en

27 *Ibid.* Délibérations du Conseil privé, séance du 10 juillet 1857.

28 *Ibid.*

29 *Ibid.*

30 78 en 1842 : 60 à La Trinité, 15 à Fort-Royal, 2 à Saint-Pierre, 1 dans la commune du Trou-au-Chat.

premier lieu sa vocation d'institution pour indigents. Si la séquestration des malades était prononcée, « beaucoup de personnes des classes riches trouveraient assurément le moyen d'y échapper, tandis que les malheureux seuls y seraient soumis[31] ». C'est d'ailleurs à l'intention de ces derniers que le même Conseil privé, sans donner l'impression de se contredire, émet la possibilité de soumettre au budget local une proposition de subvention pour ceux qui souhaiteraient se faire interner librement sans posséder les moyens de pourvoir eux-mêmes aux frais de leur entretien. Mais les conclusions vont plus loin. Le Conseil de santé martiniquais se déclare inapte à tracer la « ligne de démarcation » qui « tendrait à retrancher de la société tous les individus qui seraient atteints d'une des variétés de la lèpre », entre tous les « degrés » de celle-ci[32]. Si bien qu'« il serait sage de laisser les choses en l'état où elles se trouvent, plutôt que de porter la perturbation dans les familles en leur arrachant un de leurs membres[33] », étant donné la législation sur le droit des personnes libres et l'inégalité de traitement qu'il y aurait entre ces personnes libres et les esclaves.

On voit mieux, par comparaison de deux cas d'école insulaires, où se situe la frontière entre une politique et l'autre. En Guadeloupe, il y a volonté d'exclusion par surinsularisation. Le but est d'éloigner, d'abord, et n'est d'enfermer qu'accessoirement, car l'isolement ne va pas jusqu'à s'assurer de la réalité du retranchement de la population lépreuse, en commerce avec une population de colons qui l'accapare à son service. En Martinique, il y a décision de laisser faire. Au-delà des questions de finances et de rivalités possibles entre deux administrations jumelles, on a deux façons d'envisager la maladie. Si le parti de la contagiosité prédomine en Guadeloupe et fait prendre à la colonie des mesures inspirées par une menace en quelque sorte épidémique, il en va différemment dans l'île voisine, où la lèpre, tenue pour endémique, est spatialisée d'après la graduation des niveaux d'hétérogénéité d'une maladie qu'on peut confondre avec d'autres et dont la contagion n'est pas prouvée. La spatialisation guadeloupéenne est tout ce qu'il y a de tranchée, par contre. Il s'agit de faire face à un fléau bien localisable et très homogène. De là deux stratégies prophylactiques opposées : séparer les familles et les sexes en Guadeloupe, où l'idée de transmission par

31 FM 14 48-363.

32 *Ibid.*

33 *Ibid.*

hérédité le dispute à l'idée de contagion par communication prolongée ; laisser les malades aux familles en Martinique, à l'exception de celles, indigentes, qui ne pourraient subvenir aux soins nécessités. Tout se passe comme si les deux colonies suivaient chacune une des voies tracées par Saint-Domingue au début du XVIIIe siècle : après avoir exigé d'envoyer ses premiers lépreux sur l'île de la Tortue, les autorités se ravisent, en effet, décidant de garder ceux-ci sur la Grande Île à la demande du ministre des colonies de l'époque[34].

Une difficulté de compter les lépreux semble avoir tantôt légitimé leur exclusion, tantôt fait reculer devant celle-ci. Soit leur nombre est estimé considérable, et l'exclusion s'impose aux autorités, soit ce nombre est jugé trop faible ou trop imprécis pour motiver l'exécution de décisions d'exclusion, soit l'idée de contagion n'est pas démontrée. Quoi qu'il en soit du comptage, éminemment subjectif, il est évident que les commissions de santé dépêchées pour effectuer les recensements se sont vues considérablement limitées dans leur opération par le niveau de coopération des populations. Que les propriétaires d'esclaves ou les familles dissimulent leurs malades, et tout le dépistage est compromis. Qu'à l'inverse, on dénonce aux autorités des cas de lèpre en fonction de la peur ou du dégoût que les malades inspirent, et c'est tout un mouvement de rejet qui se met alors en branle. Un exemple est celui de ce lépreux martiniquais dont le vagabondage au gré des grands chemins ressuscite une image exécrée de nègre marron[35]. La maîtresse est sommée d'en répondre. On l'autorise à séquestrer son esclave en attendant d'examiner s'il y aurait moyen de faire supporter les frais de son exil et de son entretien sur la Désirade au Trésor colonial[36].

Jusqu'à sa fermeture en 1958, la léproserie de la Désirade aura vécu dans un oubli plus ou moins calculé près de deux siècles et demi. Partiellement détruite en 1928 après le passage d'un cyclone, elle est reconstruite en 1931 sur les plans de l'architecte Ali Tur au même emplacement[37]. Les hommes et les femmes étaient répartis dans deux

34 « Nous avons fait savoir au conseil du Cap les intentions du Roi sur les lépreux que Sa Majesté n'approuve pas qu'on établisse à la Tortue. » Lettre du 8 juillet 1713, C 9 A 10, f° 16. On garderait l'île en réserve à des fins militaires (attaque ennemie) ou sanitaire (éventuelle menace de contagion).

35 Marron se dit de l'esclave en fuite.

36 Sur cette affaire, voir le dossier daté de février-mars 1846 (FM 14 48-363).

37 *Cf.* ANOM, 1 TP (Travaux publics), carton 445, dossier 1.

corps de bâtiments de cellules à deux lits séparés par un mur en principe infranchissable et garni de tessons de bouteille (un autre entourait les bâtiments). « L'aménagement intérieur de l'établissement est plutôt celui d'une prison. [...] Les cellules, petites, peu aérées par des ouvertures insuffisantes, sont habitées par deux lépreux et souvent trois[38] ». Formant village ouvert avec un jardin commun, la léproserie nouvelle compte une quinzaine de pavillons de quatre (onze pavillons), cinq, huit et dix chambres de 2 mètres 75 sur 3 mètres 25 où sont logés quelque 60 à 70 lépreux sur une élévation. Deux infirmeries sont situées de part et d'autre des cuisines centrales. Des communs séparés (W. C., cuisines et salles d'eau) sont dispersés de quatre en quatre ou de deux en deux près des pavillons, sur toute la superficie du terrain, qui compte aussi deux ateliers (de vannerie). Les quatre bâtiments des surveillants, du surveillant chef et du régisseur occupent la partie haute, ainsi que celui du médecin, contenant pharmacie, cabinet, laboratoire et salle de consultation. Le village est encore agrandi dix ans plus tard, en 1941, par ajout d'un dispensaire, de citernes et de nouveaux pavillons, notamment pour ménages, équipés de deux pièces et d'une cuisine individuelle, pour un devis de 8 500 000 francs[39]. La construction de deux pavillons pour 84 lépreux annexés à l'hôpital de Pointe-à-Pitre est à l'ordre du jour en même temps (crédit demandé de 3 500 000 francs). « [...] si l'on considère que l'individu constitue un capital – le plus précieux de tous – il apparaîtra nécessaire de le valoriser. Ainsi sera accru le potentiel humain de la colonie où, faute de bras, certaines contrées très fertiles de l'intérieur de la Guadeloupe proprement dite sont encore inexploitées, augmenté le rendement du travailleur moins anémié ou moins déprimé par les maladies, et enfin protégé le personnel sain payant actuellement un lourd tribut à la contagion[40]. »

La réorganisation, depuis un dernier règlement de 1858, remonte à 1902[41] : pour être admis, le lépreux fait une demande écrite visée par un commissaire de police (et n'est plus préalablement placé, sur avis médical,

38 Léonard Ange Noël, *La Lèpre, douze années de pratique à l'hospice de la Désirade*, Paris, Imprimerie de la faculté de médecine H. Jouve, 1913, p. 12 et 24.

39 *Ibid.* 1 TP 623-10.

40 *Ibid.*

41 Cette année-là, sont dénombrés 85 « pensionnaires » (Démétrius Al. Zambaco Pacha, *Anthologie, la lèpre à travers les siècles et les contrées*, Paris, Masson & Cie, 1914, p. 328) au lieu de 56 en janvier 1891 (*cf.* L. A. Noël, *op. cit.*, p. 14).

en observation dans un hôpital). Un arrêté pris le 13 décembre 1906 établit la direction d'un médecin régisseur. Une centaine de lépreux (sur environ 250 en toute la Guadeloupe ?) sont encadrés par des surveillants et des infirmiers sous l'autorité des sœurs. Ne sont normalement plus envoyés, sur décision du gouverneur, que les réfractaires aux traitements. Malgré l'obligation faite aux médecins de déclarer les lépreux (décret du 21 juillet 1929, article premier), seuls y sont envoyés les nécessiteux. « La prophylaxie de la lèpre est un mythe à la Guadeloupe », écrit François Tabar-Nouval. « Elle ne vise que les malades à la période ultime et aboutit à l'envoi à la Désirade. C'est tout autre chose qu'il faut entreprendre, si l'on veut organiser une défense sanitaire contre la lèpre[42]. » Après la mission dirigée par le docteur Even, le Service de santé guadeloupéen communique aux maires une circulaire avec un constat récurrent que : « les lépreux se cachent et ne se font pas soigner, craignant que le médecin, en déclarant, comme il est légal, l'affection dont ils sont atteints, ne détermine leur envoi à la Désirade[43]. »

42 François Tabar-Nouval, *La Lutte anti-lépreuse à la Guadeloupe, la léproserie de la Désirade*, thèse de médecine, Montpellier, 1933, p. 29.

43 Journal Officiel de la Guadeloupe et Dépendances n° 733 (1931), p. 834-835.

LA LÈPRE EN GUYANE

Îlet la Mère, île Royale, îlot Saint-Louis, Montagne d'Argent, l'Acarouany

Les premiers documents qui nous soient restés de l'administration des lépreux guyanais remontent à 1818. Ils sont 40 esclaves atteints du « mal rouge » internés sur l'îlet la Mère. Il est prévu d'en doubler le nombre avec la collaboration de propriétaires chargés de remettre à chacun des lépreux leur appartenant de quoi se subvenir pendant trois mois. « La police de cet espèce d'hospice d'incurables est établie de manière à ne donner aucune inquiétude à la colonie et à assurer l'existence des infortunés qui y sont relégués. Ils y font des plantages pour leurs vivres, et ils peuvent même cultiver quelques produits pour se procurer des adoucissements. Ils sont sous la surveillance d'un gardien et le médecin vient les visiter tous les mois[1]. » Le régisseur est accusé non seulement de ne laisser voir aucun médecin mais aussi de faire travailler les lépreux pour son compte. Il est remplacé par un autre en 1819, lequel est révoqué pour les mêmes raisons. Le nouveau régisseur est un ancien perruquier qui reçoit le traitement de 600 francs fixes annuels en sus de rations journalières. Il est visé dans une série de plaintes en rapport avec les plantations de coton qu'on l'autorise à faire cultiver par certains lépreux dont il aurait confisqué la récolte et qu'il aurait battus pour en garder le prix. Le bétail et la volaille auraient à leur tour été confisqués. Le poisson pêché par les lépreux canotiers dans les filets du gouvernement serait vendu trop cher au profit du même régisseur, Isidore Bourgeois.

La situation des lépreux de l'îlet la Mère est dénoncée par un rapport d'inspection de 1821. Leur installation dans un « enfoncement[2] » rend leur air irrespirable. « Ils sont comme dans une espèce de foyer, qu'ils

1 ANOM, série géographique Guyane, fonds ministériel FM 17, carton 136. Lettre du gouverneur de la Guyane (23 mars 1818).

2 *Ibid.* Séance du Conseil de gouvernement et d'administration (27 février 1821).

infectent et d'où s'élèvent, pour ceux qui les approchent, des exhalaisons repoussantes. Ils s'empestent les uns les autres[3]. » Il est dit que le coton qu'ils manient « devient contagieux[4] », mais le terrain qu'ils cultivent est impropre à rien d'autre et, quand les fourmis ne le dévorent pas, le coton transporté par des pêcheurs en communication constante avec la lèpre est ensuite écoulé sur les marchés de la ville[5]. Un avis s'oppose au parti de transférer la léproserie de l'îlet la Mère aux îles du Salut. C'est celui de Kéraudren, l'inspecteur général du Service de santé de la marine. Il y aurait d'abord un inconvénient d'isolement trop distant de Cayenne. Il y aurait ensuite un coût financier (plus de 30 000 francs). Mais il y a surtout que les lépreux sont des êtres incurables à qui la société qui les exclut doit l'entretien « jusqu'au terme de leurs maux[6] ». Rien ne rend ce devoir humanitaire incompatible avec l'îlet la Mère. La lèpre est donc une affaire exclusivement d'administration puisque la médecine est impuissante à lui trouver des remèdes. On n'a pas d'entrepreneur à qui confier l'opération de transfert aux îles du Salut. Lorsqu'un adjudicataire est enfin trouvé pour le marché de construction des nouveaux bâtiments sur une des îles du Salut, ceux-ci (de vase et de sable au lieu de chaux) sont rapidement tous à refaire et les lépreux doivent eux-mêmes y travailler pour se loger[7].

Le transfert est pourtant décidé par le gouvernement local. Il se réalise en 1823 sur la plus importante des îles du Salut, l'île Royale, où quatre files parallèles de quatre cases accueillent 45 lépreux spoliés de leurs biens sur l'îlet la Mère. Un plan de 1821 fait apparaître une chapelle à l'extrémité des rangées surveillées par un « régisseur » et par un « nègre attaché au service », habitant chacun dans deux cases à proximité de l'escalier qui mène à l'entrée de la léproserie. Le plan montre aussi deux bassins d'eau[8]. « Lorsque la goélette caboteuse *Capitaine Jo* fut arrivée, on les força de s'y embarquer laissant sur les bords de la mer leurs effets, une partie de leurs instruments aratoires, et la plupart de leurs poules[9]. » Ils sont installés sur le plateau de l'île Royale. Un rapport du 27 avril, faisant suite à celui

3 *Ibid.*
4 *Ibid.*
5 Un 5ᵉ est abandonné au régisseur. Le reste est normalement propriété du roi.
6 *Ibid.* Lettre du 9 novembre 1821.
7 FM 17, dossier Q 6 (02). Procès-verbal du 24 juillet 1823.
8 Léproserie (à établir aux îles du Salut). Plan général. Dépôt des fortifications des colonies (14 DFC 625 C).
9 *Ibid.* Rapport sur la léproserie des îles du Salut, fait par Auguste Vaillant, enseigne de vaisseau (27 avril 1823).

du 27 février, trahit des inquiétudes : il y a peu d'eau, beaucoup de rats, le terrain rocailleux déchirant les pieds fait regretter les abattis de l'îlet la Mère. Il ne faut pas plus de quelques mois pour se rendre au constat que les lépreux sont plus mal établis sur le nouveau lieu que sur l'ancien. Dès septembre, on lit dans un courrier de l'administrateur et commandant de la Guyane au ministre de la marine et des colonies que « les lépreux sont dans une situation déplorable, et moins favorable aux îles du Salut que sur l'îlet la Mère[10] ». Les logements de bois brut et sans serrures aux portes ne sont ni surhaussés, ni nivelés, ni bousillés. Des malfaçons les font déjà menacer ruine. Ils sont d'ailleurs initialement prévus pour abriter 48 malades. Il y en a 67 en mai 1827, effectif en augmentation (70 en 1829, 90 en 1832, 105 en 1838). Il y a pénurie d'eau (bassin d'eau de pluie saumâtre et réservoir infiltré par l'eau de mer : il faudrait construire une citerne) et de bois, dont les lépreux font beaucoup de feux pour se chauffer. Le contact avec les canotiers qui font la liaison de l'île et du continent fait redouter la contamination. Le souhait d'édification d'une barrière ajoute encore au budget de 6 000 francs supporté par la colonie. Les lépreux sont bientôt redéménagés.

Le choix de déplacement se fixe sur un affluent de la Mana. C'est un rapport du 10 octobre 1832 qui, tout de suite, attire l'attention sur la rivière Acarouany. Translation demandée le 30 août 1831 par voie ministérielle, arrêté pris par le gouvernement guyanais le 28 mai 1832 pour nommer la commission qui doit se charger d'examiner la question du lieu, rapport de ladite commission le 7 novembre de la même année : tout s'est enchaîné. Le Conseil privé vote à l'unanimité pour l'Acarouany dans sa séance du 7 janvier 1833. Les critères ayant prévalu sont : la subsistance (eau douce et bois s'y trouvent en quantité), l'assistance et la surveillance (avec proximité du poste existant de la Mana), l'économie (réalisée sur la nécessité de reconstruire en totalité les cases en ruine de l'île Royale en apportant les matériaux de l'extérieur) et la topographie. La position de l'Acarouany s'offre idéalement comme une insularité fluvio-continentale ôtant tout moyen de communication terrestre. Et c'est bien là le point décisif, en effet, s'agissant simultanément de mettre au plus loin les malades (à 230 kilomètres au nord de Cayenne) et de les garder théoriquement sous contrôle. Une condition de distance est

10 *Ibid.* Lettre du 28 septembre 1823.

combattue par une obligation de police. Isolement, mais relatif. Insularité, mais continuité spatiale. Éloignement, mais sur un *front* de pénétration coloniale à l'emplacement d'un ancien chantier d'exploitation de bois de construction pour la marine, à 15 kilomètres (et 3 heures de canotage environ) du *poste* établi sur la Mana.

Le lieu nous est présenté comme un « plateau de terre haute et propice à la culture, offrant une lieue environ de façade sur la rivière », et des plus salubres en raison d'une exposition recevant le vent d'Est. « L'Acarouany, d'une eau toujours douce, coule au pied de ce plateau, dont le sommet est couronné d'arbres parmi lesquels on pourrait trouver la charpente, les bardeaux et les planches nécessaires à la construction des cases. Là, les lépreux, parfaitement isolés, se verraient entourés de toutes les douceurs que peuvent offrir un site salubre, une bonne terre, de l'eau douce, des bois pour les usages de la vie et l'entretien des cases[11]. » À l'arrêt de translation pris le 18 mars 1833 succède un transfert effectif au 1er janvier 1834. Quatre cases de 24 mètres de long sur 7 de large accueillent 70 malades en augmentation rapide au fur et à mesure du défrichement d'une trentaine d'hectares et d'inspections réalisées dans la ville et les quartiers de Cayenne. Ils sont 117 en 1839. Il en est envoyé 56 en 1844 (sur 244 « inscrits » qu'il faudrait séquestrer), qui s'ajoutent aux 130 existants pour donner le chiffre de 154 (en décomptant 28 décès). L'année suivante, en 1845, 8 nouveaux se rajoutent alors que sont enregistrés 2 naissances et 29 décès pour un total, en fin d'année, de 136. Des carbets, construits par les lépreux, sont là pour augmenter la capacité d'accueil. À compter de 1841, les chiffres se stabilisent autour d'une moyenne de 139,6 et se répartissent ainsi :

1841 : 126	1845 : 136
1842 : 127	1846 : 125
1843 : 127	1847 : 133
1844 : 154	1848 : 157[i]

i. 172 au 31 décembre.

FIG. 6 – Nombre des lépreux de l'Acarouany (1841-1848).

11 FM 17, dossier Q 6 (03). Rapport de la commission (7 novembre 1832).

Après 1848, abolition de l'esclavage et lois sur la transportation des condamnés de métropole aux travaux forcés vont changer la donne. On confie la régie du camp de l'Acarouany, jusqu'en 1835, à la Supérieure des sœurs de Saint-Joseph de Cluny, mais le but est de lui donner l'entreprise. C'est chose faite en 1836, au prix de 40 centimes par journée de lépreux jugé démesuré par le Conseil privé de Guyane en dépit du fait qu'il est de 90 à la Désirade, où l'administration suit une évolution contraire en passant de l'entreprise à la régie. Le règlement qui succède en Guyane à celui du 14 décembre 1833 sur la régie fixe à présent (2 mai 1836) les conditions d'une administration religieuse aux mains de trois sœurs. Il incombera de regrouper les familles ou d'en favoriser le regroupement dans des logements séparés construits par celles-ci mais en même temps d'en détacher les enfants non malades (articles 8 et 16). Il ne sera laissé ni canot ni pirogue à la disposition des lépreux, stipule en outre un règlement qui met l'accent sur la claustration : « dans aucun cas les lépreux ne pourront être détournés de l'établissement, soit pour aller à Mana, soit pour être employés même temporairement sur tout autre point de l'Acarouany » (article 10). Peine d'emprisonnement prévu pour les infractions (article 20). S'il est bien notifié que les lépreux ne pourront « se mettre en relation directe avec qui que ce soit, autre que les agents attachés à l'établissement » (article 19), une contradiction saute aux yeux des inspections forcées de contrevenir au règlement pour en vérifier l'exactitude et le respect : nécessité de l'isolement mais besoin de visites... Il est de toute manière établi que des lépreux vont à Mana (pour échanger leurs produits) par un premier rapport d'inspection qui demande un local entouré de barrières à hauteur d'appui, situées le plus loin possible afin d'éviter les contacts autant que possible. Il est aussi préconisé qu'un canot soit mis à leur disposition.

L'inspection se rend sur les lieux le 28 janvier 1838 pour constater des irrégularités dans la délivrance de rations de 650 grammes de couac (farine de manioc) et 200 grammes de morue ou poisson salé réglementaires ainsi que dans celle de vêtements nécessaire une fois par an. La tenue du registre matricule est elle aussi négligée. Le rapport d'inspection formule à la suite une série de recommandations : placement d'un surveillant chargé de la discipline et de la direction des travaux, réception d'un officier de santé et d'un agent de l'administration tous les six mois, mise à disposition d'une esclave affranchie de Mana pour s'occuper des enfants de lépreux séparés de leurs parents, proposition de réduire à deux les trois sœurs et, pour cela, confier les soins de pansement des ulcères au lépreux qu'on rétribuera pour la tâche. Un souci majeur est celui du coût d'entretien. Quand la Supérieure, Anne-Marie Javouhey, demande une augmentation du prix des journées de lépreux, le Conseil colonial entre en guerre ouverte avec elle. Au moment de discuter le budget de la colonie, le parti des colons l'accuse de ne pas souscrire au règlement du marché. Le Conseil privé, suivi par le gouverneur en personne, s'oppose à la résiliation demandée, voire à l'expulsion de la colonie de l'ordre religieux. Mais le mal est fait. L'histoire de l'Acarouany sera dorénavant celle du conflit de la congrégation de Saint-Joseph et du Conseil colonial.

Un résumé des griefs à l'encontre de l'Acarouany se trouve dans le supplément du Bulletin colonial du 23 décembre 1838. On insinue qu'Anne-Marie Javouhey détournerait les sommes allouées pour les faire servir à la colonisation du centre dont elle est directrice à Mana. Le gouvernement lui maintient sa confiance au vu des dépenses encourues par un changement de système et de direction mais le Conseil colonial fait de la résistance en ne votant pas l'allocation de 16000 francs portée par le budget local pour les dépenses de la léproserie de l'année 1840. « Je ne puis me refuser », dit le gouverneur au ministre avec un certain embarras de langage, « à convenir que le cahier des charges relatif à la léproserie de l'Acarouany n'est pas exécuté par Mme Javouhey, qui administre cet établissement à sa manière et croit bien faire mais le Conseil colonial ne veut absolument voir que le non-accomplissement des conditions que Mme Javouhey a signées et qu'elle ne remplit pas[12]. » La Supérieure se défend, mais succombe, et se résigne à la résiliation, dans l'intérêt de l'établissement qu'elle renonce à diriger. C'est, de nouveau, la mise en régie, qui passe aux mains d'un commandant (Mélinon), qualifié d'« homme actif et capable » par un rapport du 25 juillet 1844. Il n'en est pas moins secondé par deux sœurs, « dont le zèle et le dévouement sont extrêmes[13] ». Un médecin de Mana vient enfin visiter les lépreux tous les quinze jours, ainsi qu'un prêtre. Des maisons « s'étendent des deux côtés d'une belle allée de manguiers [...] : rien donc, au premier

12 *Ibid.* Lettre du 9 juillet 1839.

13 *Ibid.* Q 6 (04). Rapport du procureur général Vidal de Lingendes au gouverneur (25 juillet 1844).

aspect, ne paraît plus convenablement choisi et plus sain que cet établissement[14] ». Cependant, les maisons sont sans mobilier, les lits de camp sans matelas. Surtout, se trouve indiquée la contradiction des deux conditions qui président au choix du lieu : l'éloignement rend ce lieu trop distant (pour les inspections sanitaires et pour les débouchés de subsistance alimentaire), mais son isolement n'est pas assuré (trop de contacts entre population lépreuse et non lépreuse).

Les coups plus sévèrement portés le sont par le commandant régisseur. Le camp s'élève à 40 mètres au-dessus de la rivière à laquelle une pente assez raide aboutit quand on descend du plateau. « Ceux qui n'ont pas la force de descendre à la rivière pour chercher de l'eau meurent littéralement de soif[15] », écrit le gouverneur à qui Mélinon rend compte, en l'absence de puits, réclamé depuis 1848, ou de pompe à eau demandée plus tard, en 1854[16]. Une augmentation des rations de manioc et de poisson salé grâce à l'accroissement de la dépense en faveur des lépreux[17] ne fait qu'aggraver l'état des malades en intensifiant leur soif. Enfin, les communications laissées libres avec Mana font s'étendre la lèpre à ce bourg. En 1854, au changement de régisseur (un médecin du nom de Sagot remplace en effet Mélinon), les choses empirent. En même temps que les dépenses affectées pour l'Acarouany sont réduites au « plus strict nécessaire » (5 400 francs pour le personnel et 22 000 francs pour l'entretien), le nombre des malades atteints de la lèpre est, selon les estimations, d'un millier. « La lèpre fait à la Guyane d'immenses progrès. Au moment où la population s'accroît par la transportation, il y a donc urgence d'opposer des digues à la propagation de ce mal hideux[18] », dit un compte rendu du directeur de l'Intérieur sur la situation de son service au 1er mars 1853. Des constructions deviennent indispensables alors que des réparations sont à faire.

De visite à l'Acarouany le gouverneur écrit au ministre en août 1854 : « Il est impossible de trouver des termes assez vrais pour retracer la misère, l'abandon, la pourriture dans lesquels croupissent les malheureux relégués de l'Acarouany : cet établissement est une honte pour l'humanité et nous devons en être sensiblement affectés, bien qu'il ne

14 *Ibid.*

15 *Ibid.* Lettre du 8 avril 1853.

16 Une pompe aspirante et foulante est installée pour monter l'eau sur le plateau en 1941.

17 Au 1er janvier 1846, elle passe à 7 000 francs.

18 *Ibid.*

soit pas à craindre que, par la position de l'établissement, des étrangers puissent y pénétrer jamais pour aller dire ailleurs ce qu'ils ont vu dans cet antre de corruption, dans cet enfer anticipé. Nos pieuses sœurs se sont toujours dévouées pour son abominable service ; pourtant je les ai trouvées privées de tout, manquant même de linge et de charpie. [...] Ceux qui rampaient [...] étaient les mieux portants ; les autres étaient à l'hôpital. J'y pénétrai. – Une odeur de cadavre nous saisit dès l'entrée. Par terre, sur un sol humide, sans une natte, sans un lambeau de couverture, couverts de haillons seulement, des hommes et des femmes gisaient pêle-mêle, laissant voir à nu des membres gangrénés [...]. Près d'eux, il y avait placés par terre, comme pour les animaux, quelques restes d'une nourriture insalubre, de la morue non cuite, et des vers se promenaient de leurs membres gangrénés jusque sur ces aliments[19]. » Dans ces conditions, l'évolution de la léproserie vers une institution pour indigents n'est pas pour étonner. « Je fais défense, écrit le gouverneur, d'enlever aucun lépreux à sa famille [...]. On ne recevra que les abandonnés[20] ». C'est aussi le point de vue du directeur de l'Intérieur : « du moment que la séquestration ne peut plus avoir pour objet d'empêcher la contagion de la maladie, je ne vois plus de motifs pour la pratiquer autrement que sur les individus qui [...] n'ont aucun moyen d'existence ou dont la vue pourrait être un objet de dégoût pour le public[21]. »

La crise d'institution de la léproserie remonte au lendemain du passage à la régie, non seulement devant ce qui serait une recrudescence endémique mais aussi face à ce qu'on perçoit comme un conflit de droit des personnes. Un éclairage est apporté par l'examen du cas d'un esclave affranchi dont la séquestration soulève une question de statut juridique en 1838 : est-ce que le pouvoir est en droit de retenir à la léproserie des individus de condition libre (il y en a quatre), et ceux-ci peuvent-ils y être envoyés d'office ? L'article 5 de l'ordonnance du 1er janvier 1818 ne statue de dispense de séquestration que pour les blancs mais il est sans effet puisque les blancs ne sont pas réputés lépreux, d'une part, et que, d'autre part, on ne reconnaît que deux catégories sans distinction de couleur de peau : les libres et les esclaves. « Dès lors plus de garantie, plus de moyens d'isolement ; les lépreux seraient bientôt dans la ville

19 *Ibid.*
20 *Ibid.*
21 *Ibid.* Lettre du 12 août 1854 au gouverneur.

et dans les quartiers, la léproserie resterait déserte ; et qui peut prévoir les dangers qui en résulteraient pour la population tout entière[22] ! » Une décision du Conseil municipal est de séparer les libres et les esclaves en réservant un local aux premiers (pour ceux d'entre eux qui n'auraient pas la faculté de passer en France) et de regrouper tous les libres au sein de la même juridiction. L'Abolition va bientôt régler la question, mais un décret de création de léproserie pour les libres exclusivement, sur l'emplacement d'un terrain situé dans le quartier du Tour de l'Île à Cayenne (habitation Austerlitz), est voté par le Conseil colonial en juillet 1839. Il prévoit 30 lits, dont 10 en cabinets particuliers (les 20 autres en salle commune), en même temps que serait fondé, pour les malades atteints du pian, de quoi séquestrer 60 individus, libres avec esclaves. On voit donc hésiter la politique entre options ségrégative et cumulative.

L'état de la législation sur les maladies coloniales entretient la complexité juridique. Il y a pas moins de trois niveaux décisionnels en matière de police sanitaire. Un article 80 d'une ordonnance du 7 août 1822 donne au ministre de la marine autorité sur le service de santé des colonies, mais le droit de se prononcer sur les questions sanitaires est tacitement dévolu au Conseil colonial par une loi du 24 avril 1833. Le point qui fait surtout débat concerne une loi du 3 mars 1822 dont l'article premier porte qu'il appartient au roi de déterminer les mesures extraordinaires à prendre contre la crainte ou l'invasion d'une maladie « pestilentielle » aux frontières ou dans l'intérieur du pays. C'est de cette loi qu'on argue pour la séquestration des lépreux mais les léproseries ne sont pas des lazarets ni la lèpre une maladie « pestilentielle ». Un effet de l'application dans les colonies de la loi de 1822 consiste à transposer sur une maladie perpétuelle (incurable) un dispositif initialement conçu pour être temporaire et s'appliquant d'abord aux épidémies de peste ou de choléra. C'est l'incohérence en tout cas relevée par le Conseil colonial hostile à voter sur la question d'une refondation de la léproserie pour noirs libres en couplant cette dernière avec une pianerie pour esclaves et libres confondus. Mais l'instruction ministérielle est formelle, obligeant la Guyane à statuer par délégation des pouvoirs conférés au roi par la même loi de 1822. Si bien qu'un nouveau décret fait suite au premier sur la lèpre et le pian (13 août 1839). Il est officialisé le 24 août 1840.

22 *Ibid.* Q 6 (03). Délibérations du Conseil privé, séance du 22 février 1838.

Il est ainsi statué que la séquestration s'applique à toute personne libre atteinte de lèpre et qu'il ne doit s'établir aucune communication directe avec elle. Il est aussi décidé que les lépreux libres seront internés sur l'îlet la Mère, dont le choix prévaut pour des raisons budgétaires : on peut faire, en raison de l'insularité du lieu, l'économie d'un mur d'enceinte…

Il n'est rien fait. Mais la question du sort à réserver pour les lépreux de condition libre est répercutée sur la question lancinante, également sans solution, de savoir si la lèpre est contagieuse (et si la séquestration peut l'arrêter), d'une part, et sur quel point d'altération du malade, intégral ou partiel, il convient de se prononcer pour décider du sort à faire en général à tous les lépreux, d'autre part. Une lettre du gouverneur à son ministre, le 13 mars 1846, estime à 1/10e des malades atteints dans la colonie le nombre de ceux qui sont effectivement séquestrés. L'Acarouany n'est pas le produit de séquestrations résolues par les autorités mais le résultat d'actions plus ou moins spontanées menées par ceux des propriétaires acceptant de livrer leurs esclaves. Or une majorité de colons s'obstine à refuser de laisser visiter leurs esclaves et de s'en voir privés. C'est l'une des raisons (si ce n'est fondamentalement *la* raison) qui les oppose à Javouhey : les conseillers du Conseil privé font justement partie de ces propriétaires. Et c'est tout le problème d'une séquestration de masse. Il est donc urgent d'abroger le décret de 1818 en le remplaçant par un régime de séquestration plus efficace. Il est adopté le 24 avril 1843. L'article 3 du nouveau règlement contient la disposition contraignant les propriétaires à remettre leurs esclaves lépreux sous peine de payer 100 francs d'amende[23]. On sait que la mesure est, cette fois, suivie d'effets, puisque 56 entrées sont enregistrées, comme on l'a vu, l'année de promulgation du règlement par Louis-Philippe au 28 janvier 1844.

Il faut encore attendre une décennie pour que le budget, quant à lui, suive. Une demande insistante et toujours différée concerne en premier lieu la médicalisation de l'assistance aux lépreux. Dans l'absence de traitement, c'est sur les infirmiers que l'attention se porte. Ils figurent en effet dans les frais dépensés pour le régisseur (à 1 800 francs), les deux sœurs (à 1 600 plus 730 de vivres), le prêtre et le médecin (600 francs chacun), le domestique (au service du régisseur), le commandeur (au service des cultures) et les trois infirmiers, donc, avec un appointement partagé de 591,20 francs. Les dépenses d'infirmerie représentent, en 1851, seulement

23 Les lépreux sur le départ sont enfermés dans l'arrière-cour de la prison de Cayenne.

318 francs sur la totalité des frais d'entretien (29 110 francs). Les vivres, à eux seuls, concentrent 22 282 francs, l'habillement 4 811 francs. Les frais d'entretien tombent à 26 070 francs l'année suivante, et remontent à 31 214 en 1853. Ce n'est qu'en 1854, après la visite du gouverneur et le sombre tableau qu'il en a fait, que le budget passe à 400 000 francs : « Je ne crains pas d'affirmer que ma demande est une affaire d'honneur[24] », commente alors ce dernier pour proposer de décupler la moyenne des frais cumulés de personnel et d'entretien pour les trois dernières années (42 568 francs). L'état trimestriel du service de la léproserie d'octobre/décembre 1854, à la rubrique « Observations et traitements », fait mention du genre de soins qui sont apportés : pansement des plaies, débridement des abcès, purgatifs, incisions. La médication par iode est essayée sur 20 malades. Ils présentent une amélioration légère. « [...] il ne faut pas s'y tromper, ce ne sont que des palliatifs qui répondent aux sentiments humains de nos sociétés modernes sans couper le mal qu'on cherche à détruire[25] », écrit Mélinon. « Les choses ont bien changé », note Baudin (nouveau gouverneur) en août 1856, « il serait impossible de désirer mieux[26] ». Mais tout ce que nous savons concrètement du renouveau voulu par son prédécesseur au commandement de la colonie, Bonard, est un devis de 800 francs pour des réparations sur la chapelle et la chambre de punition (cette fois sous le gouvernement de Montravel).

Un tournant succède à celui de l'abolition de l'esclavage avec l'introduction du bagne en Guyane. Un des premiers lieux d'implantation de la transportation pénale est la Montagne d'Argent, près de l'Oyapock, à l'autre bout de la colonie. C'est sur ce camp forestier de condamnés aux travaux forcés qu'une partie des lépreux seront dirigés, par décision du 20 juillet 1863. Celle-ci fait suite aux « besoins de la Transportation[27] » dans la mesure où des forçats contractent assez rapidement la lèpre. « Il a [donc] été reconnu [vite] indispensable dans un intérêt de salubrité [...] d'introduire à la nouvelle léproserie les lépreux européens. [...] Il était impossible de songer à leur imposer [...] la même ration qu'aux séquestrés d'origine africaine ou indienne[28]. » On est devant une situation des plus paradoxales où la question des statuts se trouve en

24 *Ibid.* Q 6 (06). Lettre du 16 août 1854.

25 *Ibid.* Note sur la léproserie de l'Acarouany (27 juillet 1854).

26 *Ibid.* Lettre du 6 août 1856.

27 *Ibid.* Q 6 (08) Délibérations du Conseil privé, séance du 23 janvier 1867.

28 *Ibid.*

quelque sorte inversée : les lépreux blancs sont désormais sous le coup de condamnations qui font d'eux des bagnards et les lépreux noirs, en vertu de leur émancipation, sont dorénavant des citoyens libres à part entière. Au sein de la communauté des lépreux, cependant, le traitement doit maintenir une discrimination de couleur. Un alignement du noir et du blanc continue d'être impensable. En proie à la fièvre jaune, qui fait grimper la mortalité de 31,1 % pour l'année 1853 jusqu'à 62,3 % trois ans plus tard, le camp de la Montagne d'Argent ferme en 1864 et n'aura pas vécu plus de douze ans. Mais les commissions sanitaires instituées par un décret du 24 août 1840 envoient des lépreux pour y combler le vide en 1865 : 10 des plus malades et des plus indigents sur 26 examinés, plus 8 autres en provenance du camp pénitentiaire de Saint-Louis, puis 28 encore, en 1866, sur proposition du directeur de l'Intérieur, et 2 autres, en septembre de la même année. Mais 6 lépreux du camp de Saint-Denis (3 Indiens, 3 créoles), en 1878, iront de nouveau vers l'Acarouany.

Ce n'est pas du nouveau règlement du 23 janvier 1867 que vient la refonte attendue. Sauf obligation de travail aux lépreux, sous pression bureaucratique accrue, rien ne change, et le camp des lépreux ne survit pas plus de trois ans, semble-t-il, à l'abandon du camp des forçats transportés de la Montagne d'Argent. Retour à l'Acarouany. Retour au point récurrent du droit commun, quand la question du mariage entre deux lépreux vient en délibération : le Conseil privé se prononce à l'unanimité contre (à quoi rimerait la séquestration ?) mais se rétracte : il n'y a pas de prohibition légale ; à moins de séparer les lépreux qu'on entend réunir en familles, il y aurait, par contre, une réprobation morale à ne pas légitimer les enfants nés de lépreux *séquestrés* mais *libres*[29]. Il est en effet rappelé, par arrêté du 28 juillet 1892, que l'Acarouany ne reçoit pas les lépreux de l'administration pénitentiaire, en désaccord avec un décret du 11 mai 1891 arrêtant qu'y seraient dirigés « les vagabonds, les mendiants, les gens sans asile et sans ressources, ainsi que les condamnés » reconnus lépreux. Les condamnés sont donc, en principe, envoyés sur l'îlot Saint-Louis du Maroni, situé non loin du camp de forçats du même nom, dont l'îlot dépend pour son ravitaillement[30]. Le projet de les remettre à l'une des îles du Salut (soit l'île du Diable, où des

29 Voir *ibid.* délibérations du Conseil privé, séance du 23 avril 1877.

30 « [...] c'est une sorte de rocher boisé émergeant du lit du Maroni à une centaine de mètres de la rive, en face de l'emplacement du camp. » Rapport médical de l'administration

condamnés lépreux se trouvaient encore en 1894, soit l'île Saint-Joseph, à l'emplacement d'une tannerie[31]) ne donne aucun résultat.

Le rapport d'inspection de 1895 qui décrit les conditions de vie sur l'îlot Saint-Louis fait état de 16 lépreux vivant sans surveillance aucune exposés dans des paillotes insalubres aux inondations voire aux insolations[32]. Les données dont nous disposons ne sont pas régulières. On sait qu'en 1917 il y a 55 lépreux transportés (20), relégués (23), libérés (12) confondus[33]. Ce n'est que de 1923 que date un recensement général et systématique effectué grâce à la création d'un institut d'hygiène à Cayenne. Encore est-il interrompu de 1929 à 1933. En 1937, il y a 32 lépreux purgeant leur peine à l'îlot Saint-Louis, mais n'y sont plus que 9 en 1947[34]. De 1909 à 1915, leur nombre oscille entre 50 et 65. Il est en diminution du fait de l'extinction du bagne et des libérations, par la quantité des « sortants » (87 en 1940), mais la quantité des « gains » (pour entrants) ne cesse d'augmenter sans compenser les « pertes », en particulier de libérés qu'on dirige à l'Acarouany.

Années	Lépreux entrants
1933	12
1934	9
1935	21
1936	15
1937	25
1938	32
1939	38
1940	48
1941	71

FIG. 7 – Lépreux « entrants » de l'îlot Saint-Louis (1933-1941).

pénitentiaire (année 1939). Toulon, Service historique de la Défense, Institut de médecine tropicale du service de santé des armées 2013 ZK 005-072.

31 ANOM, carton H 1862.

32 *Ibid.* H 5151.

33 *Ibid.* H 1927.

34 Service historique de la Défense, IMTSSA, 2013 ZK 005-072.

Le nombre de lépreux sortants de l'îlot Saint-Louis ne nous est connu que pour la période allant de 1939 à 1941.

Années	Lépreux sortants
1939	43
1940	87
1941	75

FIG. 8 – Lépreux « sortants » de l'îlot Saint-Louis (1939-1941).

De visite en janvier 1904 à l'îlot Saint-Louis, le directeur de l'administration pénitentiaire en repart alarmé : « L'impression que j'ai ressentie a été très pénible, car les lépreux, au nombre de 29, appartenant à diverses catégories pénales, occupent des carbets individuels d'un aspect misérable, recouverts de fer blanc provenant de vieux estagnons, et où ils ne sont à l'abri ni de la pluie ni du soleil. L'ensemble de ces constructions plus que sommaires, et qui sont implantées sans aucun ordre, produit un effet plus que bizarre. En tout cas, aucune règle d'hygiène n'est observée dans une collectivité où plus que partout ailleurs devrait régner la propreté[35]. » Des cases en briques sont construites à compter de 1912. En 1939, il y en a 22, pour une capacité de 60 lépreux. Les plus atteints sont logés dans une « infirmerie » tenue par un malade et qui se divise en quatre « salles ». En fait d'infirmerie, les malades y reçoivent en principe une visite médicale hebdomadaire, ce dont témoigne Albert Londres en abordant l'île en compagnie d'un médecin mais en attirant l'attention sur autre chose : « Aucun surveillant[36] ». De là, trafics avec les évadés du bagne et communication fréquente avec Saint-Laurent du Maroni dans des barques immergées le jour et ressorties la nuit pour aller chercher le boire et le jouer dans un quartier chinois du bourg. Un constat s'impose. Il est dressé par un rapport d'inspection du 25 mai 1901 sur l'isolement de l'Acarouany, d'où résulte une difficulté de ravitaillement des vivres et des médicaments chronique en même temps qu'une impossibilité de maintenir isolés les lépreux. Situation paradoxale où le même isolement qui fait obstacle à l'entretien sanitaire

35 Cité par Jean-Lucien Sanchez, *La Relégation des récidivistes en Guyane française*, thèse, École des hautes études en sciences sociales, 2009, p. 381-382.

36 *Au bagne*, Paris, Arléa, 1997, p. 162.

et alimentaire du camp fait de même encore obstacle à l'isolement de ce camp. « C'est ainsi qu'on est impuissant à empêcher les commerçants de Mana de venir trafiquer sur la léproserie[37] ». La comparaison de la léproserie pénitentiaire et de la léproserie sous administration coloniale est donc éclairante à plus d'un titre. On voit non seulement que la question du droit n'y joue pas le rôle important qu'on serait tenté de lui prêter, puisque la non-liberté des lépreux condamnés n'est pas une garantie de sécurité contre les dangers de contamination ; mais on voit aussi que l'institution, désormais bicéphale et toujours aussi poreuse, est dans l'impossibilité de fournir un exutoire au progrès de la lèpre.

En juillet 1940, un recensement dénombre en Guyane 1 lépreux pour 20 habitants, soit 992 atteints sur une population d'environ 20 000. Il ne s'agit plus, devant l'étendue de la maladie, de « repousser » les malades. Il importe au contraire, à présent, de les « attirer[38] ». L'isolement reste plus que jamais d'actualité, mais il faut que soit mis un terme à l'éloignement. Ce qui doit prévaloir est l'inclusion de préférence à l'exclusion. Le temps d'observation des lépreux par une commission se passe à l'hospice civil du camp de Saint-Denis. Des lépreux sont internés dans un service hospitalier de Cayenne et de Saint-Laurent. Le mouvement de la maladie devient de mieux en mieux discernable en vertu d'un dépistage obligatoire depuis 1935, et ce qu'on perd en dispersion des malades, on le gagne en efficacité clinique. Un bilan comptable est effectué pour les lépreux de l'Acarouany grâce à l'Institut de médecine tropicale du service de santé des armées basé à Marseille. La léproserie de l'Acarouany ne reçoit plus de malades après 1935 officiellement mais continue de fait au-delà.

Années	Existants au début de l'année	Entrants dans l'année en cours	Sorties par décès	Sorties par exeat	Restants en fin d'année
1889	5				
1901	26				
1909	35				

37 ANOM, FM 17, carton 136, dossier Q 6 (09).

38 Voir *Ibid.* Q 6 (11). Extrait du rapport des services sanitaires de la Guyane du 21 septembre 1940, par le médecin capitaine Floch.

1912	53				
1913	53	24			
1914	42				
1915	51	15	6		50
1916	60	12		6	66
1917	66	9	1	6	68
1918	68	16	14	3	67
1919	67	9	15		61
1920	61	19	13		67
1921	67	17	14		70
1922	70	18	15	1	72
1923	72	20	6		86
1924	86	13	6	1	91
1925	91	17	11	1	96
1926	96	4	9		91
1927	91	3	4		90
1928	90	14	9		95
1929	95	12	17		90
1930	90	16	23	1	82
1931	82	0	2		80
1932	80	16	12		84
1933	84	6	11	1	78
1934	78	7	12		73
1935	73	4	11	1	78
1936	63		6		57
1937	57		10		47
1938	47		11		36
1939	36	7	3		40

FIG. 9 – Mouvements des lépreux de l'Acarouany (1889-1939).

Quoique lacunaire et sujet sans doute à caution (car il s'agit pour partie de reconstitutions complétées par mes soins), le tableau montre assez le déclin dans lequel était tombée la léproserie de l'Acarouany sous les deux actions conjuguées du transfert à la Montagne d'Argent, d'une part, et, surtout, de l'inapplication du règlement du 28 juillet 1892 instituant l'obligation de déclarer les malades et la création d'une commission spéciale chargée des visites. « En fait, le décret de 1892 demeure inappliqué, savoir inapplicable[39] », écrit le gouverneur de Guyane en mai 1901, suite à l'inspection de l'Acarouany réalisée quelques jours avant, qui notait déjà que ledit règlement « semble avoir été perdu de vue, ainsi d'ailleurs que la léproserie de l'Acarouany elle-même[40] ». Aucune réunion de la commission ne s'est tenue depuis près de dix ans que le règlement l'a décrétée. Cet état de fait va jusqu'au bureau du ministre, auquel est signifié ceci : « La lèpre existe ici dans toutes les classes de la société et les familles qui comptent des membres lépreux dissimulent la maladie dont ils souffrent. D'autre part, pour priver quelqu'un de sa liberté, pour l'obliger à s'isoler ou bien pour l'interner d'office, il faut avoir acquis la certitude absolue de son mal. Et qui peut contraindre une personne quelconque, simplement soupçonnée d'être lépreuse, à se laisser visiter par deux médecins de l'autorité ? Qui peut même la soupçonner d'être atteinte de cette contagion ? Voilà l'obstacle à peu près insurmontable auquel se heurte l'administration. Une modification de la composition de la commission de visite [...] resterait sans effet. Cette commission n'a pas à se prononcer sur l'état de santé de la personne soupçonnée d'être malade, c'est à deux médecins que cette responsabilité incombe, elle est chargée seulement d'apprécier si les ressources de cette personne lui permettent ou non de se soigner à domicile. [...] Croire que la réglementation peut être pleinement observée serait se faire illusion[41] ».

Cinq étapes ont jalonné la juridiction lépreuse. En 1818 : obligation de déclaration jointe à l'obligation de séquestration. La déclaration n'est plus obligatoire en 1840 et la commission chargée de détecter la lèpre est supprimée. La déclaration redevient obligatoire en 1844. Elle est rappelée dans les décrets de 1891 et de 1892, à l'obligation de séquestration près,

39 FM 17, carton 136, dossier Q 6 (09).

40 *Ibid.*

41 *Ibid.* L'inspecteur des colonies Hoarau-Desruisseaux, chef de la mission d'inspection de la Guyane, au ministre des colonies (22 mai 1901).

devenue conditionnelle à la liberté de choix des malades ayant suffisamment de revenus pour se soigner seuls. Enfin, 1902[42] : retour aux deux obligations conjointes. Il est tentant d'établir une corrélation des effectifs et des règlements successifs. On peut raisonnablement penser que l'élément pénal a joué dans le gonflement du nombre des séquestrés de l'Acaraouany, qui reçoit les lépreux libérés des travaux forcés voire, à compter de 1939, les lépreux relevés de la relégation[43]. La proportion de la population libre et de la population pénale est celle indiquée dans le tableau ci-dessous.

Années	Population libre	Élément pénal
1933	50	12
1934	129	09
1935	102	21
1936	104	18
1937	93	30
1938	117	32
1939 (1er semestre)	69	13

FIG. 10 – Proportion des lépreux de la population libre et pénale en Guyane (1933-1939)[44].

Pour l'année 1940 :

	Population libre	Élément pénal	Total
1er trimestre	36	10	46
2e trimestre	61	09	70
3e trimestre	24	07	31
4e trimestre	37	12	49

FIG. 11 – Proportion des lépreux de la population libre et pénale en 1940 en Guyane[45].

42 Mais la promulgation du décret de 1902 sur la santé publique attend jusqu'en 1909.

43 La loi de 1885 sur la relégation s'applique aux récidivistes. Elle est à distinguer de celle de 1854 sur la transportation concernant les travaux forcés.

44 Institut de médecine tropicale du service de santé des armées, SHD Toulon, 2013 ZK 005-072.

45 *Ibid.*

Toujours d'après les informations collectées par l'IMTSSA, 9 lépreux sont dépistés dans la population libre en 1916 alors qu'on en reconnaît 29 au bagne, et le même écart est observé pour l'année 1918 avec 5 lépreux nouveaux détectés dans la population libre et 25 dans la population pénale. Il y a lieu d'en déduire que la population captive est plus facile à repérer, d'autant que les premiers cas de condamnés lépreux ne remonteraient pas avant 1883. C'est bien la seule conclusion tant soit peu fiable à laquelle on peut s'arrêter : l'augmentation du nombre global des lépreux de l'Acarouany, qui ne retrouve pas son niveau des années 1839-1848, n'a vraisemblablement pas d'autre explication que la qualité du dépistage effectué depuis la centralisation des détections par le nouvel Institut d'hygiène à partir de 1923. Les mesures préconisées par son directeur en 1937 orientent à présent la prophylaxie vers une prospection de la maladie de plus en plus précoce et systématique : examen médical, à l'entrée de la colonie, des cas suspects de nationalité étrangère, exécution de l'arrêté du 1er juin 1935 interdisant l'exercice de certains métiers pour les lépreux, création d'une école pour enfants lépreux dont les lésions sont discrètes, établissement d'un fichier sanitaire des immeubles et contrôle des locations. Puisque la lèpre est rangée par le service de santé des armées (dont le directeur de l'Institut d'hygiène est d'ailleurs un représentant) dans la rubrique des « maladies sociales », à côté du cancer, de l'alcoolisme, de la syphilis et de la blennorragie, de la tuberculose et du rhumatisme, il importe aussi de supprimer les taudis. La « rénovation » sanitaire est donc en marche. Une seule absolue certitude : un siècle et demi de léproseries, pénitentiaire ou coloniale, insulaire ou continentale, aura eu pour seul effet l'augmentation de la maladie combattue, comme en témoigne le tableau (que j'ai complété) du recensement des lépreux par l'Institut d'hygiène[46].

Années	Nouveaux lépreux Population libre	Nouveaux lépreux Population pénale	Total
1926	78		260
1927	48		307
1930	67	18	
1932	15		148

46 *Ibid.*

1933	50	12	
1934	129	9	
1935	102	21	
1936	104	15	527
1937	93	25	609
1938	117	32	677
1939	162	38	841
1940			1040
1941			1197
1946			1140

FIG. 12 – Recensement des lépreux par l'Institut d'hygiène en Guyane.

Au-delà des volontés de réforme apparentes, une immobilité définit l'impossibilité de mettre en œuvre une politique anti-lépreuse. En réalité, la maladie fait sa vie. Tout ce qu'on organise est l'oubli des malades. Oui, la maladie fait peur. Il faut coûte que coûte en empêcher la progression par une succession de règlements qui n'ont d'équivalent que leur inapplication. Car ces règlements font encore plus peur que la lèpre aux yeux d'une partie de la population qui la cache ou reste en contact avec elle. Ou quand ce ne sont pas les règlements (pour les propriétaires d'esclaves avant 1848, ou pour les familles en général), ce sont les lépreux qui font peur à l'administration qui devrait les surveiller, comme c'est le cas des lépreux prisonniers qu'on laisse effectivement sans surveillance. Ils ne sont pas pour autant libres, à moins de s'évader. On les confine à l'espace insulaire auquel on confie ce qui serait l'isolement parfait, parce que naturellement circonscrit. Mais rien n'est parfait. L'eau sépare, en effet, mais aussi bien relie. L'isolement se trouve ainsi pris à son piège. Il échappe au contrôle. Il introduit le trafic. Il se nourrit d'irrégularités que les règlements renforcent encore au prix de leur inexécution même.

L'ARCHIPEL DES LÉPREUX CALÉDONIENS

Île aux Chèvres, île Nou, île Art, presqu'île Ducos

La complète installation de lépreux néo-calédoniens sur l'île aux Chèvres, en baie de Dumbéa, non loin de Nouméa, se fait sous la pression des événements, quand une épidémie de peste est déclarée dans le chef-lieu. Les autorités décident alors, en décembre 1899, de faire passer les malades atteints de lèpre en traitement du quartier dit de l'Orphelinat de Nouméa vers l'île aux Chèvres, où sont déjà d'autres lépreux depuis dix ans. Le chef du Service de santé de Nouvelle-Calédonie compte y faire accepter la création d'un hospice en 1891. Des fonds sont votés par le Conseil général et l'île est donc aménagée normalement pour les seuls Européens libres ou libérés de la colonie pénitentiaire. En conformité réglementaire avec un arrêté du 28 janvier 1889 instituant l'internement de tout individu reconnu lépreux, des fonds sont aussi votés pour la fondation d'une léproserie « centrale » aux îles Belep, à destination des Mélanésiens. Les condamnés aux travaux forcés lépreux sont, pour compléter le dispositif, internés sur la pointe Nord (pointe Kungu) de l'île Nou, qui, située dans le prolongement de Nouméa, sert à l'emprisonnement des bagnards en cours de peine au pénitencier. La léproserie se tient à l'emplacement d'un ancien poste militaire et d'une ferme.

Au moment de son transfert en face, à la presqu'île Ducos, en 1913, il y a 116 internés sur l'île aux Chèvres. Une partie d'entre eux sont ceux d'un contingent d'Européens rapatriés de l'île Art (aux Belep), où la léproserie devient exclusivement pénitentiaire aux dernières années du siècle. Il y a 28 lépreux sur l'île aux Chèvres en 1892 : 4 Européens, 4 enfants métis et 20 Kanak. Un crédit de 80 000 francs voté par le Conseil général en avril est là pour améliorer les conditions de vie dénoncées par une inspection : les lépreux sont « dans un dénuement complet, n'ayant même pas les médicaments indispensables[1] ». Il est noté qu'ils sont sans surveillance aucune. L'île aux Chèvres est sous administration de l'assistance publique. Une « commission des experts de la lèpre » décide du placement des malades dans l'île. Elle évolue rapidement vers une fonction de dépôt voulue par un décret du 22 septembre 1893 (article premier). Le ravitaillement de l'île est assuré par un canot des Douanes. Il n'y a pas d'embarcation sur l'île. On réclame encore un médecin détaché par le Service local en 1901. Un gardien-chef est théoriquement chargé d'empêcher les désordres, en particulier les évasions, que décrit André Surleau, chargé du contrôle administratif de l'île aux Chèvres entre août 1917 et octobre 1919. « J'ai connu le cas de deux malades qui, avec deux bailles réunies transversalement par une échelle, tentèrent en pleine nuit de gagner la presqu'île Ducos et furent sauvés alors qu'ils étaient sur le point de se noyer. Dans un autre cas, des lépreux fabriquèrent un radeau sommaire avec les planches de quelques cercueils de malades récemment inhumés. Ceux-là réussirent leur évasion, mais furent récupérés quelques mois plus tard sur un îlot au large de Bourail[2]. »

Une population que les autorités visent entre toutes est celle, en Nouvelle-Calédonie comme en Guyane, des forçats libérés et des relégués : « Ces individus, [...] qui vivent dans la brousse et vont de chantier en chantier, mènent, en général, une vie plutôt errante et sont des agents de dissémination dangereux de la lèpre pour la population blanche[3] », écrit le chef des services pénitentiaires avant de rappeler qu'il y aurait 229 cas de lèpre avérés dans la population pénale en 1910. Absente ou presque en Guyane, la portion féminine de l'élément pénal est ciblée par deux arrêtés calédoniens du 20 novembre 1914 instituant l'obligation de visite médicale annuelle à l'intention des libérés et relégués du bagne. Il est supposé que « c'est par les transportés et les libérés, par leur cohabitation avec des femmes indigènes que la maladie a gagné les Européens », mais « elle progressera chez eux grâce à la prostitution générale des femmes libérées et reléguées qui résident dans les centres

1 ANOM, Série géographique Nouvelle-Calédonie, Fonds ministériel FM carton 9 (lettre du 20 août 1892).

2 « Une page de l'histoire locale : de l'ancienne léproserie de l'île aux Chèvres au Centre Raoul Follereau », *Bulletin de la Société d'études historiques de la Nouvelle-Calédonie* n° 9 (septembre 1971), p. 3-4.

3 Série géographique Nouvelle-Calédonie, Fonds ministériel FM carton 171.

pénitentiaires », indique en août 1892 un inspecteur des colonies, qui précise qu'au nombre de 14 Européens lépreux séquestrés, 9 condamnés transportés le sont à l'île Nou, quand 4 autres, eux libérés, le sont à l'île aux Chèvres[4]. En 1900, la léproserie de l'île Nou réunit 35 individus (condamnés et libérés cette fois confondus) dans 7 cases.

En visite à la léproserie de l'île Nou, le Dr Léon Collin, qui prend des photos, décrit « trois ou quatre maisonnettes, d'aspect propre et presque gai » formant « ce que l'on appelle encore la pointe des lépreux ». Nous sommes entre 1910 et 1913. « Une douzaine de malheureux lépreux attendent là, depuis des mois, qu'on veuille bien les embarquer sur un cotre à destination de l'île Art [...]. L'impression de tristesse que nous remportons n'est pas faite uniquement du spectacle de ces malheureux, que nous nous attendions à voir mutilés et couverts de plaies purulentes. Ils ne sont, à première vue, pas plus repoussants que la plupart des pensionnaires des infirmeries qu'il nous a été donné de visiter. L'un d'eux, celui qui tient le milieu de notre photographie, porte sur les mains quelques taches lépreuses exsangues. Ses doigts, comme insensibles, semblent vouloir se détacher et tomber spontanément de ses mains. Son voisin de gauche perdit une jambe à la suite d'un ulcère de même nature. Un autre montre un œil, rongé par le mal, dont l'origine ne paraît pas douteuse. Les autres malades sont porteurs de petites tumeurs ou présentent, par places, des placards de peau morte, indolore. Ces lépreux restent, toute la journée, dans leurs cases. Un condamné, qui remplit auprès d'eux les fonctions d'infirmier et d'intermédiaire, est tenu de leur apporter leurs vivres du camp[5]. »

On est renseigné sur une partie du fonctionnement des léproseries de l'île Art et de l'île Nou par ce qu'en ont rapporté des lépreux d'origine pénale en guerre avec l'administration pénitentiaire et par les enquêtes ayant suivi. 36 individus se trouvent à l'île Nou durant l'année 1899 et 19 en 1900 pour 55 à l'île Art. Un point touche à l'internement des libérés relevant normalement du Service local et se plaignant d'être injustement traités comme des condamnés purgeant leur peine au bagne alors que les libérés de 2e section, notamment, ne sont plus astreints à résider dans la colonie. Le décret du 22 septembre 1893 relatif aux mesures à prendre en Nouvelle-Calédonie contre la lèpre établit que les

4 *Ibid.* FM carton 9.

5 L. Collin, *Des hommes et des bagnes*. Éditions Libertalia, 2015, p. 248-249.

transportés et relégués lépreux seront mis en observation dans la léproserie de l'île Nou puis internés d'office à l'île Art (archipel des Belep), où sont déjà les Mélanésiens lépreux concernés par arrêté du 28 janvier 1889. Un changement s'est opéré : la léproserie de l'île Nou devient, au même titre que l'île aux Chèvres avec les Européens libres, un dépôt, d'où sont évacués 37 malades à destination de l'île Art en juillet 1897 : 23 condamnés aux travaux forcés purgeant leur peine et 14 libérés (10 lépreux de plus à l'île Art en 1901).

Le différend vient non seulement de l'acception du mot « transporté » (forçat), lequel ne devrait pas englober les libérés, mais aussi des deux possibilités qui s'offrent aux lépreux pour subsister : soit ceux-ci seront « nourris, entretenus et soignés aux frais de la colonie » s'ils sont indigents, soit le seront à leurs frais mais faculté sera laissée pour eux d'améliorer leur ordinaire à condition de « se plier à la discipline de l'établissement ». Quel établissement, si l'alternative entre un moyen de subsistance et l'autre est possible uniquement pour ceux qui n'en ont pas besoin, grâce à des revenus leur autorisant la liberté de se soigner à domicile (à condition de le faire en s'isolant « à une distance qui ne pourra être moindre de quatre kilomètres de Nouméa, deux kilomètres de tout centre de population, cinq cents mètres de toute habitation ») ? La colonie ne voulant pas des libérés (dont beaucoup sont indigents) sur l'île aux Chèvres, ils sont nécessairement dans un « établissement » pénitentiaire. Ils n'ont en réalité pas le choix, sinon celui de consentir à leur envoi, contre promesse d'une vie meilleure qu'à l'île Nou, sur l'île Art, à l'instar de ceux que leurs plaintes opposent à l'administration dès qu'ils arrivent aux Belep et dont les principaux sont : Rousset, Touril, Altendorf et Barthe[6].

Les réclamations de libérés lépreux remontent à l'année 1900. Ceux-ci s'estiment en « résidence forcée » sur l'île Art. Ils l'écrivent au gouverneur, au procureur, à l'administration pénitentiaire, à la presse locale, au service de santé, jusqu'au garde des sceaux : leur séjour est « illégal ». En fait, ils ont bien été transférés de leur plein gré de l'île Nou vers l'île Art ; il y a seulement qu'on vient d'en évacuer les Kanak et les colons qui se trouvaient à l'ancienne mission de Waala, si bien, comme à l'île Nou, qu'ils sont encore aux côtés de 26 condamnés lépreux (pour 29 libérés), non pas soumis au Service local de la colonie, comme à Waala, mais

---

6 Héron, libéré lépreux resté sur la pointe Nord de l'île Nou depuis deux ans, proteste également de sa condition dès 1899.

à l'administration pénitentiaire, en baie d'Aawe (dans l'ouest de l'île). « Elle est partagée [...] par un ruisseau qui ne tarit jamais. D'un côté de ce ruisseau, là où sont les bâtiments actuels, le sol est rocailleux : on y rencontre de forts blocs de fer qui augmentent en nombre et en volume au fur et à mesure qu'on s'avance sur le flanc de la colline dominant la baie : les terres cultivables y sont rares [...]. Par contre l'autre partie, celle qui est actuellement inoccupée, forme une petite plaine plantée de cocotiers, ombragée, bien arrosée ; c'est là que se trouve le jardin des condamnés valides[7] ». Il est question d'aménager la baie, de part et d'autre du ruisseau, de manière à séparer les lépreux bagnards en cours de peine et les libérés.

Réglementairement (dépêches ministérielles des 9 septembre 1881 et 30 juin 1882), les frais d'hospitalisation des libérés reviennent à l'administration pénitentiaire, au même titre que l'hospitalisation des transportés. Les libérés lépreux ne relevant plus de cette administration, leur est donc en principe appliqué le décret de 1893, à l'exception de ceux qui ne peuvent justifier des ressources nécessaires pour se faire soigner à leurs frais. Le point du décret laissé libre à l'interprétation reste en suspens : soit les libérés lépreux sont hospitalisés par l'administration pénitentiaire, à laquelle ils doivent alors obéir, ou bien leur état d'individus libres indigents les fait prendre en charge par le Service local de la colonie, qui ne veut pas d'eux. Toute la question juridique est là. La confusion de statut juridique entre condamnés et libérés se double à l'île Nou d'une autre entre malades en observation et lépreux déclarés qui sont réunis dans les mêmes locaux, si les cas seulement suspects ne sont pas mis à part à l'hôpital du Marais sur la même île Nou. La léproserie de l'île Art a l'intérêt, théoriquement, de dissiper la confusion de statut médical. En réalité, quelques lépreux qui s'y trouvent internés se plaignent de ne pas être malades et de ne pas avoir reçu de visite médicale à l'île Nou, voire d'être envoyés par des écrivains condamnés du bagne à la place d'un autre ayant payé le prix de la substitution frauduleuse. L'île Art, en tout cas, ne fait qu'exaspérer la confusion de statut juridique sur fond de grand dénuement matériel. « On peut dire qu'il n'y a pas de logement ; le délabrement des cases est navrant. Il y a bien deux grandes cases en bois, mises à la disposition des lépreux par l'Administration, mais le vent et la pluie pénètrent par les ais disjoints et les fentes des

7 *Ibid.* Le commis principal au directeur de l'administration pénitentiaire (20 avril 1900).

planches : ces deux cases sont dans un état pitoyable, et remplies de puces et de vermines. Aussi, presque tous les lépreux se sont construit des gourbis en feuilles de cocotiers : mais ce sont des taudis, sans air, sans lumière, très humides, très malsains, inhabitables en un mot[8]. » Distante de 50 kilomètres du nord de la Nouvelle-Calédonie, l'île Art est sans recevoir un médecin depuis trois ans quand une inspection s'y rend, pour y constater d'autres inconvénients de l'éloignement, sur la question de ravitaillement mais aussi la question du non-droit.

Le surveillant militaire est accusé d'avoir tué le lépreux Gire en août 1899 à l'île Art. À l'île Nou, des libérés lépreux sont mis aux fers, pour des durées de quinze jours et de deux mois, jour et nuit, quand ils devraient normalement relever des tribunaux de droit commun. « D'une façon générale, les lépreux de l'île Nou, comme ceux de Belep, sont maintenus en dehors de toute communication avec l'extérieur[9]. Leur correspondance est supprimée ; ceux qui se plaignent par écrit au procureur général sont punis. En effet, il résulte de l'enquête que les nommés Bette, Vaudry, Barbari, Dousside, Rousset, Touril, Altendorf et Guénin, alors à l'île Nou, ont été punis de quinze jours de retranchement de vin et de tabac pour avoir écrit au procureur général au commencement d'octobre 1899[10]. » On conçoit la désillusion des libérés punis de l'île Nou quand ils arrivent à l'île Art en pensant voir alors adoucie leur condition.

La situation nous est bien résumée par la transcription d'un interrogatoire au cours duquel Altendorf et Touril ont la parole : « En effet, nous sommes venus ici comme volontaires. Nous nous étions même engagés à élever notre gourbi, mais on nous avait promis, et cette promesse nous a été faite par le surveillant Frappier de la Pointe Nord, qu'on nous fournirait à pied d'œuvre la paille et le bois nécessaire à cette construction. Il n'en a rien été. Nous avons dû nous procurer tout ce qui nous était nécessaire. Au surplus, nous sommes libérés de deuxième section et nous n'avons rien à faire avec l'administration pénitentiaire qui ne doit pas plus nous garder aux Belep qu'à l'île Nou. Nous ne sommes plus condamnés[11]. » C'est toute la difficulté : les libérés demandent un entretien sans contrepartie justiciable à l'administration dont ils récusent en totalité la juridiction.

---

8 *Ibid.* Le procureur général au gouverneur (3 avril 1900).

9 Cette accusation du procureur est contredite par le témoignage des lépreux consultés, qui reçoivent et peuvent envoyer du courrier tous les deux mois.

10 *Ibid.*

11 *Ibid.* Interrogatoire des libérés Altendorf, n° 2954 4e 2e, et Touril, 4e 2e n° 2843.

Ces libérés demandent à cor et à cri l'exacte application d'un décret de 1893 qui les met simultanément dans la nécessité de le dénoncer.

Devant le constat que la léproserie centrale appelée de ses vœux par la colonie ne contient plus que des lépreux d'origine pénale, et qu'on ne veut pas de libérés lépreux sur l'île aux Chèvres, à proximité de la presqu'île Ducos et de Nouméa, l'administration pénitentiaire a le projet d'en déplacer les occupants malades à l'autre bout de la Nouvelle-Calédonie, sur un îlot du grand Sud, îlot Casy, qui présente une insularité plus convenable : il est distant de 40 kilomètres de Nouméa mais tout près d'un camp forestier de condamnés situé juste en face, en baie de Prony. La surinsularité garantirait donc un isolement supérieur à celui de l'île aux Chèvres et la double insularité de cet îlot Casy très rapproché de la Grande Terre assurerait simultanément des conditions d'assistance et de surveillance accrues par rapport aux Belep. Une alternative est de transférer la léproserie dite centrale, et devenue dans les faits pénitentiaire exclusivement depuis 1898, à la léproserie-dépôt de l'île Nou. Le Service de santé refuse de s'associer à ces deux projets de l'administration pénitentiaire, qui demande à suspendre, au moins, tout envoi de malades à l'île Art. L'affaire est soumise au Conseil privé, qui l'examine à deux reprises, en 1898 et 1901 (séance du 20 mai) sous la pression du gouvernement local entièrement favorable à l'évacuation des lépreux de l'île Art et à leur concentration sur la pointe Nord de l'île Nou. La question se pose aussi de savoir s'il n'est pas opportun d'abroger le décret de 1893 et d'entériner la dispersion des lépreux dans des « léproseries partielles » à l'exemple de celles instituées sous le gouvernement Feillet, quand celui-ci prit sur lui de fermer la léproserie de l'île Art aux Kanak et colons néo-calédoniens.

Le Conseil privé se prononce une première fois contre la complète évacuation de l'île Art au motif que désaffecter la léproserie pénitentiaire de l'île Art équivaudrait de fait à parachever la suppression d'une léproserie centrale. Or le Conseil supérieur de santé la juge encore et toujours indispensable à la sécurité sanitaire. Il estime en effet que « non seulement il n'y a pas lieu d'approuver le transfert à l'île Nou des lépreux de Belep, et de mettre à l'étude la création d'une léproserie sur l'îlot Casy, mais qu'il est au contraire urgent de donner suite au programme d'améliorations des locaux, personnels et moyens de transport[12] » en

12 Fonds ministériel FM, Généralités GEN 440 (Inspection générale du service de santé). Réunion du Conseil privé, séance du 20 mai 1904.

partie consécutif aux protestations des libérés lépreux. Sans être exécuté point par point, ce programme est entrepris jusqu'en 1905. Autant qu'on puisse en juger, la condition des lépreux de l'île Art en devient meilleure. Une affaire a sans doute encore accéléré les choses. Elle est d'ailleurs un des prolongements de l'action menée par les libérés lépreux pour attirer l'attention de l'opinion publique et pour être séparés des condamnés[13].

Deux lépreux sont inculpés d'assassinat sur la personne d'un autre en 1901. La victime est un libéré du nom de Bessaud, que tuent les condamnés Normand et Échappé le 23 mars. Une information judiciaire est empêchée par l'impossibilité d'aller chercher les prévenus et les témoins : non seulement la rotation du « tour de côte » est lente (une fois par mois quand ce n'est pas plutôt tous les deux mois) mais aussi les armateurs et patrons de bateaux rechignent à l'embarquement de lépreux. L'épidémie de peste interrompt pendant de longs mois la communication. Quand d'ailleurs un bateau s'arrête aux Belep, il ne le fait que le temps de décharger les vivres, et le plus souvent de nuit. Le naufrage d'un bateau du Service local ajoute encore à l'attente et l'isolement. La réorganisation de la léproserie, voulue malgré l'éloignement de l'île Art, a pour effet de régler la question du ravitaillement par un approvisionnement régulier de viande fraîche fournie par un colon[14] de l'île Pott faisant partie de l'archipel des Belep. Les valides et les impotents sont séparés, comme le sont les condamnés et les libérés qui le souhaitent.

Au moins deux points restent en suspens : l'arrivée d'autres surveillants pour prêter main-forte au seul affecté sur l'île[15] et celle d'un médecin résident. C'est moins pour surveiller les lépreux, dans une île où les évasions sont improbables et les communications rares[16], que pour les protéger les uns des autres ou se protéger d'eux qu'on réclame

13 « Si l'attitude des libérés à l'égard des condamnés est méprisante (si je puis employer ce mot), les condamnés ne sont pas en reste vis-à-vis des libérés, mais, comme ils sont les plus nombreux, les libérés ont naturellement le dessous quand des querelles éclatent entre eux. » *Ibid.*

14 M. Lind.

15 En 1901, le surveillant Fraysse est remplacé par Olivi qui le sera par Domenger. Fraysse avait remplacé Guibert. Ils sont normalement secondés par une police indigène de deux Kanak.

16 On signale une fois seulement dans un courrier des mouvements de populations kanak en provenance du Nord Grande-Terre afin de rendre visite aux habitants des Belep autochtones rapatriés sur la mission de Waala.

un personnel militaire en supplément. Le lépreux Rousset, dans sa réponse à l'enquête effectuée suite à ses réclamations, dépose ainsi : « Rien ne nous sera plus facile, et c'est un projet que nous avons mûri et que nous réaliserons si l'on ne nous sépare pas des condamnés, de ligoter le surveillant Fraysse, de nous emparer d'une embarcation des Canaques et de nous diriger sur la Grande Terre où nous irions porter nos doléances[17] ». Seule une barrière de gaulettes à moitié pourrie sépare en effet le périmètre occupé par les lépreux valides et l'habitation du surveillant de la partie qui l'est par les lépreux les plus atteints.

La pénurie de personnel fait répondre à l'administration pénitentiaire la même chose qu'au Service de santé pour l'affectation d'un médecin résident. Le médecin de service à Pam (Nord Grande Terre) est venu visiter l'île Art une fois – du moins la correspondance officielle échangée n'en garde-t-elle qu'une seule trace. Deux kilos d'huile de chaulmoogra, censée soulager les lépreux, reste inemployée faute de prescription médicale au surveillant pour en administrer les doses avec la préparation convenable. On a vu que tous les points dénoncés par les libérés sont repris par l'administration pénitentiaire à son compte en 1901 pour proposer le transfert à l'île Nou : difficultés de transport et de ravitaillement, défaut de surveillance et de soins médicaux, conditions défavorables à l'alimentation comme à l'amélioration, l'agrandissement voire la construction de logements. « [...] tous ces arguments ont été reconnus fondés[18] ». Le problème est structurel. Une inspection de 1907 y revient dans des termes identiques et préconise encore une évacuation...

Pour l'heure, il est demandé que ne soient plus envoyés de lépreux classés « pénitentiaires » à l'île Art, où continueraient cependant d'y séjourner ceux des envois précédents. C'est la solution d'attente approuvée simultanément par les administrations locale et pénitentiaire avec l'adhésion, cette fois, d'un Conseil général et d'un Conseil privé convaincus de l'excès des dépenses afférentes à l'entretien d'une léproserie sur l'île Art en raison de son éloignement[19]. Si le Département des colonies maintient le statu quo sur l'avis du Conseil de santé resté favorable à cette léproserie, ce ne

17 *Ibid.* Interrogatoire du libéré Rousset, 4e 2e no 3454.

18 *Ibid.* Lettre du gouverneur au ministre des colonies (9 mai 1901).

19 Le devis des premiers frais d'installation de la léproserie centrale est supérieur à 500 000 francs. Les frais d'entretien s'élèvent à 305 000 (estimation). Le coût de l'île

serait pas moins la même évolution que celle observée pour le bagne : en 1898, on interrompt l'envoi de bagnards en Nouvelle-Calédonie mais ceux-ci, malades ou bien portants, condamnés ou libérés, continuent d'y vivre et d'y mourir au-delà de 1930, avant la loi d'abrogation qui ne fait qu'entériner la fin par extinction du bagne. Ainsi l'arrêt de tout envoi de lépreux sur l'île Art, à bord du bateau *Prony*[20], mettrait-elle un terme identique à la léproserie de l'île Art. En fait, il n'en sera rien tant qu'on n'aura pas trouvé comment stopper médicalement la maladie. D'accord avec le Service de santé, la municipalité de Nouméa, la Commission coloniale, l'Union agricole et la Chambre de commerce expriment à leur tour un avis favorable au maintien d'une léproserie centrale. Les malades y seront même encore envoyés. La répartition des 90 lépreux pénaux de 1901 laisse apparaître une augmentation du nombre des libérés (jusqu'à dépasser celui des condamnés en cours de peine au fil du temps), d'une part, ainsi que, d'autre part, une augmentation de celui des malades à la pointe Nord en comparaison de celui des lépreux de l'île Art.

Pointe Nord (île Nou)		Île Art, anse Aawe (Belep)	
Transportés (travaux forcés)	17	Transportés (travaux forcés)	22
Libérés de 4e 1re (astreints à résidence)	17	Libérés de 4e 1re (astreints à résidence)	16
Libérés de 4e 2e (non astreints à résidence)	4	Libérés de 4e 2e (non astreints à résidence)	10
Relégués (sans travaux forcés)	2	Relégués	1
Réclusionnaires (en provenance d'autres colonies)	1	Réclusionnaires (en provenance d'autres colonies)	0
Total	41	Total	49

FIG. 13 – Répartition des lépreux pénitentiaires en Nouvelle-Calédonie pour l'année 1901.

aux Chèvres et des léproseries partielles est évalué à 120 000 francs (constructions plus entretien).

20 Propriété de l'administration pénitentiaire.

De la même façon que sa caractérisation nosologique est ambiguë – si la lèpre est incurable, est-elle une maladie ? –, de même on voit que la question du statut pénal est secondaire, en *dernier* ressort : un condamné lépreux reste un lépreux *condamné*, fût-il un « libéré » du bagne. Un libéré *lépreux* n'est pas un lépreux *libéré*. Car on ne relève pas de la lèpre (impossible à soigner) comme on est « relevé » de la transportation pénale. Il y a probablement dans ce constat, cependant, de quoi fournir une explication *psychologique* importante à l'obstination montrée par les libérés pour être *isolés* des condamnés, comme si le simple isolement de tous les lépreux *fondus* dans la maladie ne suffisait pas plus que le fait d'être évidemment dispensés de travaux forcés qui devraient distinguer les deux catégories de lépreux mais ne le fait pas puisque les malades en sont à la fois dégagés, loin du bagne, et disciplinairement redevables en tant que ne relevant pas du droit commun. Pour être encore un tant soit peu du côté des vivants, le but est de se distinguer. Mais on ne peut se distinguer dans la léproserie qu'en multipliant les séparations. L'assassinat des lépreux Gire et Bessaud dénote une exaspération de distance et d'isolement qui suffirait pour expliquer que l'administration pénitentiaire ait du mal à renoncer sans combattre à la volonté de ramener ses lépreux dans ses murs ou du moins plus à portée de contrôle. En 1908 encore, un projet de les transférer sur l'îlot Hugon (baie de Saint-Vincent près de Bouloupari) remonte aux autorités par l'administration pénitentiaire. Encore en 1911, des libérés se plaignent des conditions de vie qui leur sont faites.

Un médecin-major des troupes coloniales rend compte de la façon dont s'est opéré le débarquement de 59 lépreux de l'île Art au camp de la presqu'île Ducos (en baie de N'Du) les 31 octobre et 16 novembre 1913, à l'anse M'Bi. Parmi les 59, il y a 8 relégués, 20 transportés, 31 libérés. Deux lépreux sont arabes (Ahmed Cherif, Arab Naïl). Certains sont des vieillards, à juger par leurs numéros matricule. Aucun des libérés signataires des protestations de 1900 n'en fait apparemment partie, mais nous ignorons tout des morts éventuelles et, plus généralement, des mouvements de la population lépreuse avant le transfert à Ducos. Après vente aux enchères du bétail et des meubles ayant appartenu aux lépreux, comme des produits de démolition des immeubles occupés par le personnel en service à la léproserie, le 15 décembre, « il ne reste plus, de ce qui fut la léproserie des Belep, que le souvenir[21] ». Une presqu'île (où sont déportés les condamnés communards après 1870) aura remplacé l'île : une léproserie pour une autre. La consultation du décret relatif au fonctionnement de la léproserie de la presqu'île Ducos (7 avril 1919) en dit long sur la pérennité de l'institution : le nouveau *territoire* est borné par une clôture indiquant les limites à ne pas franchir à toute personne extérieure au service. Interdiction faite à tout lépreux de passer la « frontière ». Il faut d'ailleurs attendre 1937 pour qu'une route d'accès reliant le quartier de Montravel à la léproserie soit en projet. Sur une photo reproduite en 1938 à l'intérieur d'une brochure intitulée *Prophylaxie de la lèpre dans les colonies françaises*, par F. P. J. Sorel, on voit l'infirmerie de Ducos entourée de barbelés de clôture... En 1950 (arrêté du 3 août), le règlement va se libéraliser, notamment du fait de la distinction contagieux / non contagieux, mais l'isolement reste encore un article de foi[22].

Ce que la lèpre en Nouvelle-Calédonie met en valeur, à la faveur d'une anthropologie contrastée (pénale, indigène et coloniale), est un classement de plus en plus poussé des catégories de malades. Il en découle une différenciation farouche allant jusqu'à s'insinuer chez les malades eux-mêmes (impotents/valides) en fonction des règlements qui s'attachent à leur statut social (indigent / non indigent), juridique (condamné/libéré), médical (cas suspect / cas déclaré). La géographie de l'isolement suit les frontières instaurées par une séparation différentielle : aux colons l'insularité la plus rapprochée du chef-lieu de la colonie (l'île aux Chèvres), aux « pénaux » malades en isolement provisoire et en observation l'insularité du bagne (à l'île Nou, domaine intégralement pénitentiaire), aux mêmes (après séjour au dépôt de l'île Nou) l'île Art (au plus loin de Nouméa). Quand tout ce monde arrive à la presqu'île Ducos, on reconduit la différenciation : les libérés sont à Numbo, les libres à N'Bi, les condamnés en cours de peine à N'Du, dans autant de léproseries séparées. Les Mélanésiens, beaucoup plus nombreux, font

21 *Ibid.* Le sous-chef de Bureau de 2e classe au directeur de l'administration pénitentiaire (20 décembre 1913). « Il m'est d'ailleurs assez pénible d'avouer que je fus fortement déçu en voyant l'amas de saletés qui représentaient la partie mobilière. Ces meubles, pour la plus grande partie usés et malpropres, portant, pour le profane, le cachet laissé par le souvenir de la léproserie, ne pouvaient guère trouver d'acquéreurs que parmi la population indigène. [...] tout s'est vendu au-delà des espérances. » *Ibid.*

22 « L'isolement des lépreux contagieux est obligatoire » (article 1er).

évoluer l'archipel anti-lépreux vers une opposition de deux schémas spatiaux concurrents : le modèle « historique » de léproserie dite centrale où tous les lépreux seraient théoriquement concentrés, celui de léproseries disséminées, dites partielles, où la colonie sera dispensée des frais d'établissement tout en étant protégée de la maladie par l'éloignement de tribus kanak isolées grâce au code de l'indigénat dans des réserves. Encore cette opposition n'est-elle que relative puisque certains Kanak, aux îles Loyauté, sont internés dans une léproserie tout à la fois « centrale » et « partielle » à l'îlot Dudun (île de Maré)...

Léon Collin, de passage aux Loyauté pour une campagne de vaccination contre la variole, observe à quel point, sans médecins ni surveillants, les léproseries de Lifou restent effectivement très « partielles » et théoriques. « Inconscient des dangers de ce mal et sourd aux avertissements qui lui viennent de l'Administration, le Loyaltien continue de faire fi de la lèpre. On a bien installé des léproseries sur place, mais, la plupart du temps, les malades, qui ne comprennent pas la nécessité de l'isolement, ne s'y assemblent guère que lorsqu'est signalée l'approche d'un envoyé de l'Administration. [...] Malgré l'existence de léproseries, combien en avons-nous rencontré de ces semeurs de maladie au cours de nos tournées ! Le jour de notre départ de Lifou, on nous fit voir deux lépreux assis sur un roc non loin de l'embarcadère du canot. De leurs mains répugnantes d'ulcères, ils dépliaient un tissu, dont une popinée[23] leur proposait la vente. Un pied bandé d'une loque crasseuse pendait le long de la paroi de corail. Au démarrage de l'embarcation, comme les autres, ils voulurent nous envoyer un adieu. Nous garderons toujours, comme dernière impression de cette île, qui possède cependant tant de charme, le souvenir sinistre de leurs gestes de mutilés et du sourire pénible de leurs faces grimaçantes[24]. »

23 Femme d'origine mélanésienne.
24 Pages 33-34 du manuscrit dactylographié du Dr Collin, communiqué par son petit-fils Philippe Collin.

PRÉVENIR ET GUÉRIR, OU COLONISER ?

Les intentions prophylactiques anti-lépreuses en milieu colonial ont poursuivi deux buts. Ils sont clairement rappelés par Kermorgant, l'inspecteur général du Service de santé : « 1° mettre les colons et les familles à l'abri de la contagion ; 2° préserver, dans l'intérêt de la *colonisation*, la main d'œuvre indigène de l'extension de la maladie ». Ce programme est décliné sur plusieurs fronts : rechercher les malades, empêcher qu'ils échappent à la détection médicale, isoler les personnes atteintes et leur assurer des soins. « Pour que l'isolement soit efficace, il faut qu'il soit rigoureux », continue Kermorgant. « [...] les mœurs et les lois peuvent conduire à faire fléchir la rigueur de la réglementation quand il s'agit de personnes libres disposant de moyens suffisants d'existence. Les inconvénients ce cet adoucissement [...] sont minimes quand le bénéfice en est limité à cette catégorie de malades qui, elle, a souci de sa propre hygiène et de celle de ses voisins, mais il n'en est plus de même pour les indigents et surtout pour les Canaques. Le lépreux indigène ne s'isole jamais effectivement de sa famille et de sa tribu, tant qu'il n'est pas mis dans l'impossibilité matérielle d'y rentrer[1]. » Deux poids, deux mesures. Isolement, mais différencié. Détection, mais privée des moyens d'en vérifier statistiquement l'efficacité (1 500 Kanak atteints ?). La lèpre est avant tout perçue comme une maladie coloniale et sociale. Elle exige une prophylaxie de santé publique en même temps qu'elle en exempte une population de colons favorisée, dans un contexte où l'indigénat fait figure de repoussoir. On réservera la stratégie d'inclusion pour les colons, qui se soigneront chez eux, tandis que l'exclusion vaudra pour ceux qui n'ont pas de titre à la colonisation.

Les soins se limitent à la pharmacie d'huile de chaulmoogra gynocardée, qui reste un traitement palliatif et n'a d'action que sur les manifestations cutanées de la maladie. Des espoirs ont été mis dans les

1 ANOM, Fonds ministériel FM, Généralités GEN 440. Note du 18 décembre 1901.

bains de vapeur en caisses ou boîtes dites de Galès, en usage à l'hôpital Saint-Louis pour soigner les affections de la peau (galle, pian, dartres et… lèpres). Étant donné l'observation que les Indiens guyanais sont dans l'ensemble indemnes de lèpre et de pian, le rocou passa pour un préservatif. Un député guyanais va jusqu'à proposer sa vaccine aux hommes de l'art en 1822[2]. Le Conseil de santé de Guyane, averti qu'un médecin de Rio de Janeiro traitait la lèpre au guano, veut en savoir plus en 1846. On apprend qu'un médecin de la même ville aurait trouvé, l'année suivante, un remède à base de plante spécifique, une euphorbiacée, l'assacú (*hura-crepitans*). Le lazaret créé par ce médecin brésilien sur le lac de Paracary (rive gauche de l'Amazone) aurait guéri des lépreux grâce à « certains végétaux du pays[3] ». Mais le consul de France au Para parle d'escroquerie. Le bleu de méthylène et l'hyrganol ou le lugol en solution ne donnent pas de meilleurs résultats. L'éther éthylique est utilisé mais critiqué. « La lèpre constitue l'un des principaux problèmes sanitaires outre-mer tant sur le plan médical pur que sur le plan social et humain. Jusqu'en 1945-1946 des thérapeutiques longues, douloureuses, souvent peu efficaces, rendaient difficile un effort massif. Les malades se cachaient, évitaient le traitement ou l'abandonnaient rapidement par découragement. De plus, la ségrégation plus ou moins sévère et plus ou moins bien acceptée venait ajouter un nouvel obstacle à la lutte contre cette endémie[4] », résume un mémoire sur l'aide sanitaire de la France aux pays d'outre-mer.

Les *Annales d'hygiène et de médecine coloniale*, qui paraissent en revue, font le lien des expérimentations tentées dans toutes les colonies françaises. Un service de statistique médicale des troupes coloniales est mis en place en 1901, sur le modèle de la statistique médicale de l'armée de terre, en vue de centraliser l'état des connaissances à disposition.

2 *Ibid.* Série géographique Guyane, FM 17, carton 136, dossier Q 6 (02). Lettre au ministre de la marine et des colonies (8 novembre 1822).

3 *Ibid.* FM 17, carton 136, dossier Q 6 (07). Lettre du consul de France au gouverneur de Guyane (17 octobre 1858). Des essais de traitement phytothérapique ont été faits grâce aux arbres *Hydnocarpus anthelmitica* (Cambodge) et *Hydnocarpus wightiana* (Madagascar), qui donnent, à côté du *Taraktogenos*, l'huile de chaulmoogra.

4 Toulon, Service historique de la Défense, Institut de médecine tropicale du service de santé des armées 2013 ZK 005-073, p. 11. « Comme ceux de l'hôpital, les pensionnaires de la léproserie [de l'Acarouany] ne veulent recevoir aucun soin ; il est à croire qu'ils y sont réfractaires, soit par négligence, soit par répugnance, car le nombre de ceux qui suivent un traitement régulier est infime par rapport à l'effectif. » IMTSSA 2013 ZK 005-72, rapport médical annuel (année 1941), p. 32.

Les services de santé des colonies sont réformés. Les hôpitaux coloniaux sont appelés à devenir des hôpitaux mixtes en état de recevoir à la fois des militaires et des civils. Un institut de médecine tropicale du service de santé des armées fait remonter les informations dispensées par une direction centrale de commissions consultatives de la lèpre arrêtées le 23 janvier 1932. Ces commissions relaient l'humanisation de soins modernisés demandée par les congrès de léprologie qui se tiennent à Bergen, à Strasbourg, à Manille…, avec une internationalisation signalée par la création d'une Organisation d'hygiène de la Société des Nations. Sont créés de plus en plus d'instituts Pasteur aux colonies depuis celui fondé par Calmette en 1889 à Saïgon. Celui de Cayenne est à l'œuvre en 1941. Son directeur, Hervé Floch, a publié la première étude mondiale sur les soins thérapeutiques anti-lépreux par sulfones en 1952. C'est la révolution bactériologique. À l'hôpital de Pointe-à-Pitre est mis en place, en 1925, un laboratoire d'hygiène et de bactériologie dirigé par un médecin-major de deuxième classe des troupes coloniales issu de l'institut prophylactique de Paris. L'institut de prophylaxie de Pointe-à-Pitre, en Guadeloupe, est opérationnel en 1932. Cet institut possède un « service de la lèpre ». Un point désormais saillant : la prévention, qui passe encore par les conseils ou commissions de réforme ou de révision militaires, et qui passera surtout par le dépistage en écoles. Une école Marchoux pour enfants lépreux s'ouvre à Cayenne en 1941. « Les visites systématiques de dépistage ont été spécialement multipliées en milieu scolaire. Il faut les poursuivre, il faut que chaque enfant soit d'une façon continue sous surveillance médicale et par suite nous limitons à l'extrême les dangers de la maladie qui dépistée et traitée en temps voulu reculera sans délai[5]. »

Si la guérison de la lèpre est en marche, un important volet n'en continue pas moins d'être l'isolement des malades. En Guyane, le gouvernement de Vichy caresse le projet de créer dans une presqu'île à Kourou (comme à la presqu'île Ducos en Nouvelle-Calédonie), sur l'ancien pénitencier des Roches, une léproserie qui fonctionnerait à mi-chemin du sanatorium et de la colonie agricole. On y répartirait 200 malades au minimum en deux classes, indigents d'un côté, payants de l'autre. « La lutte contre la lèpre est difficile ; ce n'est pas mettre les quelques dizaines de malades de l'Acarouany ailleurs qui est difficile, mais ce sera de diriger sur la nouvelle formation une grande partie des 900 autres

5 IMTSSA 2013 ZK 005-72, documentation relative à l'œuvre française en Guadeloupe, p. 22.

malades non traités ou non isolés. Et ceci sera la tâche des médecins, qui ont le droit et le devoir d'exiger une formation sanitaire qui ne repousse pas les malades mais les attire[6] », écrit le médecin capitaine Hervé Floch en 1940. Il exprime une opinion partagée par tout le corps médical : on évitera le mot léproserie, qu'on remplacera par « lieu de traitement ». Ne sera pas prononcé le mot lèpre en présence du lépreux. « Pas de levées de terre, ni de barrières, ni de sentinelles. Les obstacles incitent à l'évasion[7]. » Mais, règle absolue : l'isolement doit être obligatoire. Avec une idéologie d'exclusion renforcée, Vichy suit les prescriptions formulées par Jeanselme en février 1932. Il est aidé par une organisation non seulement militarisée mais aussi cléricalisée de la santé coloniale ainsi rénovée, quoique superficiellement, dans le sens d'une approche en même temps plus libérale, au niveau de la perception des malades, et plus sévère, au niveau de leur isolement soit en établissements dits « spéciaux » soit à domicile[8].

On publie des affiches et des tracts de propagande : « Refusez les billets par trop répugnants que les commerçants, non seulement pourront, mais devront échanger contre des billets propres. Prenez soin des billets qui vous appartiennent pour les conserver dans l'état où vous aimez [...] les recevoir. Soyez modérés et prudents dans vos rapports sociaux et sentimentaux : il n'est pas indispensable de s'embrasser dix fois par jour comme on le voit faire abusivement [...] pour se procurer de la sympathie ni de serrer des mains à chaque coin de rues. [...] méfiez-vous des libertinages fertiles en maladies de toutes sortes et qui favorisent la contagion de la LÈPRE. De bonnes habitudes d'HYGIÈNE doivent préserver vos FOYERS de la LÈPRE et vous donner la joie de vivre[9]. » On assiste à toute une entreprise de remoralisation vichyssoise en réponse à la dissolution de mœurs coloniales auxquelles on confie le redressement salutaire aux missions catholiques, invitées à prendre en main le centre des Roches, en réaction contre ce qui se passe à la léproserie de l'Acarouany. « [...] ce n'est qu'à force de prodiges que la sœur supérieure parvient à faire la police

6 Série géographique Guyane, FM 17, carton 136, dossier Q 6 (11). Extrait du rapport du service sanitaire de la Guyane (21 septembre 1940).

7 IMTSSA 2013 ZK 005-274, compte rendu de réunion de la commission tenue le 12 février 1932 (propos rapportés de Jeanselme, président de la commission).

8 « [...] en ce qui concerne l'isolement à domicile il faut évidemment que cette mesure autorisée ne soit pas seulement un mot, une disposition permettant aux fortunés d'enfreindre la règle. » *Ibid.*

9 IMTSSA 2013 ZK 005-072.

parmi ces malades d'un caractère parfois difficile. Il est à penser que les malades ne reçoivent les soins que nécessite leur état qu'avec répugnance car très peu suivent un traitement régulier. Dans ces conditions, toute mesure prophylactique qui ne leur sera imposée par la force restera sans effet. Car on ne voit pas comment on pourrait faire entendre et observer sans contrainte quelques leçons d'hygiène à [la] population créole de Saint-Laurent, qui semble n'avoir d'attention que pour les rites de la religion, du punch doublé, de la prostitution. Pour être librement acceptée, l'hygiène veut un certain niveau moral, qui est loin d'être atteint. En attendant qu'il le soit, s'il doit l'être un jour, tout Européen, bagnard ou non, doit être exposé à contracter l'épouvantable maladie[10]. »

Le rigorisme hygiéniste est allé de pair avec la rigueur administrative. Un arrêté de 1941 prétend régenter l'exercice des métiers dits sensibles, où pas moins de soixante-six professions sont listées, particulièrement les « petits marchands » (article 6). On retire aux municipalités leurs obligations sanitaires en les déchargeant d'une structure où « l'incompétence s'alliait à l'insuffisance des moyens[11] ». Tous les quartiers de Cayenne sont désormais sous l'autorité du Service de santé. La Guyane est la colonie la plus touchée (du moins la plus surveillée) dans l'espace Caraïbe. Une statistique effectuée par l'institut guyanais d'hygiène en 1937 indique 55 nouveaux lépreux dépistés dont la répartition se fait comme suit :

Guyane française	27
Sainte-Lucie	10
Guadeloupe	2
Martinique	3
Barbade	1
Afrique du Nord	6
France	3
Madagascar	2
Indochine	1

FIG. 14 – Nombre et répartition de lépreux dépistés pour l'année 1937.

10 *Ibid.* Rapport médical annuel (année 1940), p. 18.
11 *Ibid.* 16 avril 1941.

En 1955, un bilan montre à quel point la maladie, mondialisée, requiert un traitement de masse incompatible avec les resserrements spatiaux propres à l'insularité lépreuse, où ne venaient que des incurables impossibles à soigner par définition.

Territoires	Population	Lépreux présumés	Lépreux recensés	Lépreux traités
A. E. F.	17.300.000	390.000	244.318	91.741
A. O. F.	4.400.000	150.000	10.875	88.900
Cameroun	3.000.000	80.000	33.500	11.200
Togo	1.070.000	40.000	9.300	4.450
Madagascar	4.600.000	40.000	16.250	9.700
Océanie Nouvelle-Calédonie	120.000	3.000	1.300	960

FIG. 15 – Lèpre et démographie coloniale en 1955.

Territoires	Léproseries et colonies agricoles	Nombre de lits	Nombre de malades traités
A. E. F	36	3.113	3.942
A. O. F.	20	1.535	1.660
Cameroun	41	4.120	4.842
Togo	2	720	696
Madagascar	24	1.310	3.014
Océanie Nouvelle-Calédonie	8	632	489

FIG. 16 – Nombre et répartition
des installations coloniales anti-lépreuses en 1955.

Le nouvel hospice Marchoux de la presqu'île Ducos, en Nouvelle-Calédonie, est placé sous la direction d'un médecin administrateur et de son adjoint. Les sœurs de la congrégation de Saint-Joseph de Cluny constituent le personnel soignant de l'établissement. Son évolution vers le statut d'annexe hospitalière est envisagée vers la fin des années 1950 en raison de la diminution du nombre de malades en traitement, passant de 225 en 1954 à 194 en juillet 1956. Diminution qu'on observe aussi chez les lépreux mélanésiens des Loyauté traités dans la léproserie-sanatorium de Chila (île de Lifou) : 59 en 1954 et 25 en 1956. Les deux autres léproseries partielles, aux villages dits « spéciaux » de Boné et de Betceda (sur l'île de Maré), sont bientôt fermées, leurs 32 occupants regroupés dans la presqu'île Ducos en 1957, où plus aucun arrêté d'internement n'est prononcé depuis 1955. « Il est intéressant de noter que beaucoup de malades non contagieux sont maintenant reçus à Ducos à titre temporaire, cet établissement tendant de plus en plus à devenir un centre de traitement, et non une léproserie[12]. » Le temps de la séparation lépreuse est révolu grâce au traitement par sulfones. On vient maintenant consulter dans les dispensaires, à l'hôpital. On se soigne à domicile, en ambulatoire. Et si l'asile est encore un modèle auquel on se réfère, il évolue vers le village « au cadre aussi familier que possible[13] ». À Ducos, chaque « village » a ses ateliers, son école et sa chapelle.

La structure en collectivités rurales est censée regrouper librement les lépreux pour en faciliter les soins. Les conditions sont que l'emplacement choisi soit salubre et fertile, accessible aux routes et situé non loin des villages habités précédemment par les malades, et que ces derniers soient rassemblés par « race ». À côté des « centres de traitement » sédentaires et des « circuits de traitement » qui dépendent ou non du rayon d'action des médecins de dispensaires ordinaires en brousse, les villages de lépreux fleurissent en Indochine, en Afrique, à Madagascar. « À une population relativement dense et à des malades nombreux s'appliquent les centres de traitement, économes de moyens et qui n'obligent pas les malades à de longs déplacements. À une population clairsemée, à malades relativement peu nombreux, conviennent les villages de lépreux, seuls capables

12 *Ibid.* Lettre de Raoul Follereau au médecin général inspecteur Jeansotte, directeur du Service de santé de la France d'outre-mer (3 novembre 1956).

13 IMTSSA 2013 ZK 005-476. « Réflexions sur l'hospitalisation des lépreux, à propos de l'hôpital anti-hansanien de Pointe-Noire en Guadeloupe », *La Presse médicale* (6 février 1960).

d'assurer un traitement continu et à peu de frais alors que les soins par les autres procédés seraient excessivement coûteux et pas toujours possibles. C'est souvent le cas des zones dites "aquatiques". Pour les villages situés sur des voies de communication perméables les "circuits" avec les moyens de transport appropriés constituent la méthode de choix. Aux grands malades et aux invalides est réservée l'hospitalisation[14]. »

Le plus difficile est d'expliquer, pour les tenants de « villages agricoles », en quoi ce n'est pas un retour aux méthodes héritées du Moyen Âge. Il y a ségrégation mais pas coercition, répond la prophylaxie coloniale en substance : « Le but est de permettre aux malades, par ce moyen, de se rapprocher du médecin en venant spontanément habiter dans des villages semblables aux autres, constitués de cases de type coutumier, où ils pourraient continuer leur vie normale, vivant de culture, de chasse, de pêche, de menus travaux artisanaux, en compagnie, s'ils le veulent, de leurs familles. Ces villages ne se différencient donc de tous les autres que par leur plus forte proportion d'habitants lépreux[15]. » L'administration veut bien admettre « un petit déracinement[16] ». Le fait est que ce qui préside à la constitution du village de lépreux des colonies ne reproduit pas seulement le village de lépreux médiéval, il transpose évidemment le mode de colonisation sur lequel il se calque. Aussi les lépreux des colonies sont-ils appelés à former des colonies de lépreux… dans la colonie. Transplantation, concentration, fondation, resocialisation sont bien les éléments communs du dispositif en son ensemble. Il ne fait pas l'unanimité. De Lomé, le directeur de la santé publique au Togo, Lotte, écrit : « L'hypertrophie des colonies n'était pas à craindre dans le passé. Devant l'inefficacité thérapeutique, les lépreux ne pouvaient être retenus que par des avantages matériels qui leur donnaient d'ailleurs l'occasion d'un chantage sans fin. L'effectif ne se maintenait que par de constants efforts dont une coercition déguisée n'était pas toujours exclue, le système ne fixant en réalité que les clochards[17]. » Or le succès des sulfones inverse à présent les données – les colonies sont débordées : « s'il paraît utile de maintenir les colonies existantes comme centres expérimentaux scientifiques et sociaux, il serait par contre chimérique

14 IMTSSA 2013 ZK 005-274. Lutte contre la lèpre en A. E. F. (15 janvier 1957).
15 *Ibid.* Lutte contre la lèpre en A. E. F. (novembre 1957).
16 *Ibid.*
17 *Ibid.* Prophylaxie et traitement de la lèpre (28 septembre 1954).

de vouloir confiner à cette forme démesurément coûteuse notre politique de la lèpre[18]. »

Une lettre de Raoul Follereau marque une étape importante. Écrite en 1952 pour les Nations-Unies, dont c'est la septième assemblée générale, elle met la lèpre au rang de maladies comme les autres et que les progrès médicaux permettent à présent de soigner. La doxa léprologique, encore en vigueur au congrès de Berlin de 1897 qui commandait le total isolement des malades, est renversée : « [...] pour délivrer l'humanité de la lèpre, il faut d'abord arracher l'homme à son absurde épouvante et libérer le malade de l'injuste, de l'épouvantable malédiction qui le poursuit. Si trop souvent, dès les premiers symptômes de leur maladie, les lépreux se cachent, s'enfuient ou se terrent, c'est parce que pour eux la lèpre est aussitôt la léproserie. Et que la léproserie est trop souvent une prison[19]. » Follereau cite à l'appui les travaux de Roland Chaussinand[20], chef du service de la lèpre à l'institut Pasteur de Paris : « L'internement des lépreux a pris, de nos jours, un caractère de sévérité inconnu au Moyen Âge. Aujourd'hui, on parle de séquestration à perpétuité et les léproseries sont souvent placées dans des îles ou dans des endroits désertiques pour prévenir toute évasion. [...] Ces mesures inhumaines pourraient, à la rigueur, s'excuser, si leur efficacité se révélait évidente. Mais il faut bien avouer que la prophylaxie de la lèpre basée sur l'internement obligatoire des malades est illogique, inefficace et dangereuse[21]. » Illogique au point de vue médical : on ne peut s'occuper de traiter des maladies qu'on écarte. Inefficace au point de vue sanitaire : on ne peut dépister des maladies qu'on fuit. Dangereuse au point de vue social : on ne peut mettre à l'isolement ni stigmatiser des populations sans perdre en partie leur contrôle.

Un obstacle à la prévention de la lèpre a donc été pendant longtemps double : absence de moyens thérapeutiques en état de provoquer dans un délai suffisamment rapide une amélioration de l'aspect repoussant du lépreux (voire une amélioration de sa santé), persistance d'une représentation répulsive et ségrégative associant la lèpre à ce qu'il faut

18 *Ibid.*

19 IMTSSA 2013 ZK 005-274. Lettre de Raoul Follereau au président de la septième assemblée générale des Nations-Unies (20 septembre 1952).

20 *La Lèpre*, Paris, L'Expansion scientifique française, 1950, *Prophylaxie et thérapeutique de la lèpre*, G. Doin, 1958.

21 Lettre de Raoul Follereau, *ibid.*

absolument soustraire au regard. Plus le stigmate est spectaculaire et plus il faut l'escamoter. Plus la lèpre est concentrée sur l'apparence extérieure et plus il faut concentrer de malades en isolement. Le danger n'est pas tant la contagion, qui continue de laisser plus d'un médecin sceptique ; il est de contracter le signe électif hideux par lequel on n'a plus figure humaine. Aussi les défigurés sont-ils encore appelés par la médecine invalides, infirmes, impotents, mutilés, que la société n'a plus qu'à faire indigents. Ceux qui ne peuvent ainsi se montrer perdent une vie qu'ils ne peuvent plus gagner. Dans les années 1930, il est admis que la démarcation ne doit plus passer par une différence d'aspect mais par un niveau de progression de la maladie. Prise assez tôt, la maladie guérit grâce aux soins sulfonés. Dépistée plus tard, elle recule, entraînant les lépreux précoces à réclamer le traitement, si bien que la contagion régresse à son tour, et que l'endimicité décroît à proportion. Tel est le cercle vertueux. La structure asilaire est alors exceptionnelle, et l'hospitalisation ne se justifie que pour les malades en période d'activité de la maladie. Le principe est de s'occuper des malades à domicile. Un partage est le suivant : « Les impotents, les grands mutilés, les lépreux sans famille incapables de pourvoir eux-mêmes à leur existence, restent dans les formations sanitaires à titre permanent comme malades d'asile. Ceux qui sont atteints de formes sévères ou en période de réaction léprotique sont hospitalisés jusqu'à ce qu'ils soient en mesure de regagner leur maison pour suivre le traitement à domicile[22]. »

En croisant le classement social et le classement médical, on arrive à la conclusion de la nécessité d'une « action prophylactique éminemment mobile » excluant la « médecine fixée[23] » pour un nombre limité de lépreux retenus par contrainte. Un dépistage « au tamis fin[24] » permet le recensement de la totalité de populations soignées par des équipes itinérantes au moyen de traitements par injection dont la diminution de fréquence étend l'action sur des étendues géographiques plus grandes. On n'a plus besoin d'insulariser la lèpre. Une inclusion des soins dans les structures hospitalières, une déconcentration des opérations de dépistage et de prévention tous azimuts, œuvrent, en sens inversement symétrique, à la désinsularisation. D'un côté, la lèpre a cessé d'être

22 IMTSSA 2013 ZK 005-274. La lutte contre la lèpre en A. E. F. (novembre 1957).

23 *Ibid.* Situation de la lèpre dans les territoires de la France d'outre-mer (4 avril 1956).

24 *Ibid.*

inguérissable, et, par conséquent, l'isolement nécessité contre sa possible contagion devient temporaire. On n'a plus à neutraliser la perpétuité de la maladie par un raccourci d'exclusion dans une île en position d'isoloir et de mouroir. La léproserie de la Désirade est abandonnée pour l'asile hansanien de Pointe-Noire, en Guadeloupe. Il ouvre en 1958, accomplissant l'autre aspect du rapatriement par déploiement géographique : un changement de type épistémologique. Au-delà d'intérêts coloniaux bien compris[25], le rapport à la lèpre instauré par la léprologie n'est plus de jugement mais d'entendement. Le verdict a fait place au diagnostic. Ainsi, l'espace à découper n'est plus celui de retranchement, qui vise à séparer pour séquestrer, mais d'intégration, qui tend à identifier la maladie pour adapter le malade au fonctionnement de la société. Le lieu *fini* fait place à l'extension d'un réseau. La notion d'isolement revêt donc une acception nouvelle : il ne s'agit plus de reléguer le lépreux dans un espace éloigné mais de contrôler la lèpre en son foyer, dans un espace idéalement quadrillé. Ce passage, analysé par Foucault comme étant celui de la *police* au *gouvernement*[26], met la politique anti-lépreuse, avec un effet de retard imputable à son apparition chronologiquement décalée dans les colonies, sur le même plan que les maladies de type épidémique comme la peste, la fièvre jaune et le choléra.

La lutte anti-lépreuse a d'abord été ségrégative. Une logique était centripète : enfermer le lépreux dans un lieu clos. Lui succède une logique disciplinaire et centrifuge : en cercles et circuits de traitement de plus en plus larges à la mesure de l'extension de l'empire en Afrique. Aux mains de l'administration coloniale, elle devient pénitentiaire, avant d'être aux soins d'une organisation militaire. En même temps la stratégie se déplace : au début répression, puis prévention, voire éducation. C'est que la question ne touche pas seulement les personnes et les familles, elle intéresse en totalité la société. Le problème est de santé publique. Il faut concilier le traitement de masse et l'individualité du malade. Au premier aspect correspond le développement d'une statistique, au second le suivi

25 Mais les quatre vieilles colonies de la Réunion, la Guyane, la Martinique et la Guadeloupe sont départementalisées par une loi de 1946 instituant leur intégration dans ce qu'on va maintenant nommer « l'Outre-mer ».

26 Voir M. Foucault, *Sécurité, territoire, population : cours au Collège de France (1977-1978)*, Hautes Études, Gallimard, Seuil, Paris, 2004, p. 91-118 (leçon du 1er février 1978) et « La gouvernementalité », *Dits et écrits II (1976-1988)*, Paris, Gallimard, coll. « Quarto », 2001, p. 635-657.

personnalisé d'une signalétique. Il ne s'agit plus d'isoler le groupe en un lieu qui rassemble indifféremment des individus globalement séparés mais d'organiser la structure où chaque individu parle de la maladie commune à tous. À cette fin, sont tenues des fiches à fonction distributive où sont numérotés chronologiquement des registres nominatifs et matricules établis pour chaque village et centralisés dans un fichier général[27]. Une autre évolution se rapporte au partage entre malades et non-malades. Au début, ce partage est binaire. Il évolue vers une division graduée de la lèpre (tuberculoïde ou lépromateuse ou mixte) et des groupes sociaux concernés (malades invalides en famille, isolés, valides). Au point de vue pathologique aussi bien qu'anthropologique, on assiste à la conversion d'une médecine indifférenciatrice en administration scientifique assimilant la personne à la population tout entière et le corps malade au corps social. On va parler d'« éliminer les lépreux professionnels[28] » comme on parlait de reléguer les nécessiteux. La territorialité du village agricole est structurée comme une colonie dans la colonie. La médecine coloniale est affaire militaire.

27 « Si une fiche sort du sommier pour un motif quelconque, elle est remplacée par une fiche de position qui ne porte que les numéros indicatifs, le nom du village, et, au crayon, le motif de la sortie. Au retour de la fiche-sommier, la fiche de position est retirée, et classée à part pour resservir à l'occasion. Sur la fiche-sommier sont portés à mesure les observations cliniques et les traitements. » IMTSSA 2013 ZK 005-274. Prophylaxie et traitement de la lèpre (de Lomé, 28 septembre 1954, par le médecin-colonel Lotte, directeur de la santé publique au Togo).

28 *Ibid.*

LES QUARANTAINES ET LAZARETS COLONIAUX

Îlet à Cabrit, îlot Freycinet

Le phénomène épidémique est à situer dans un environnement sanitaire où la circulation des maladies dépend de la mobilité des hommes et des choses. Il ne suffit pas d'essayer de stopper la première en isolant les malades ; il faut fixer temporairement la seconde en évitant de porter préjudice aux deux pivots de la colonisation que sont l'immigration de main-d'œuvre et le flux de marchandises. Autant la lèpre est enracinée dans un foyer d'infection localisable et transportable ailleurs, autant le béribéri, le choléra, la peste ou la fièvre jaune affectant les colonies sont mouvantes et peu reconnaissables à des symptômes qu'il faut apprendre à connaître autrement qu'on ne reconnaît, dans l'instant, le stigmate lépreux. L'invisibilité de la peste est bien présentée par Defoe quand il écrit : « l'épidémie se propageait insensiblement du fait des gens qui n'étaient pas visiblement infectés et qui ignoraient aussi bien qu'ils infectaient que par qui ils avaient été infectés[1] ». Mais si le pestiféré n'est pas identifiable immédiatement, sa mort est foudroyante, au contraire, encore une fois, de la lèpre où cette mort est indéfiniment différée. L'épidémie progresse en même temps que l'information qu'on divulgue à son sujet de *bouche en bouche*, et c'est d'ailleurs un peu comme si la transmission des deux possédait une analogie de communication, par le commerce et les messageries. Des bulletins statistiques égrènent une litanie de comptes hebdomadaires attestant que les frontières de l'infection confinent à l'extrémité des circonscriptions. Si bien que le « connu » se spatialise en « continu ». Le but est de briser ce lien par une discontinuité qui aurait pour effet d'insulariser l'espace urbain de contamination par autant d'îlots conçus contre une épidémie qui

1 *Journal de l'année de la peste* (1722), Paris, Gallimard, coll. « Bibliothèque de La Pléiade », 1959, p. 1047.

consiste au contraire à rallier tous les points d'infection pour établir une contiguïté contagieuse. À l'arrière-plan de la peste de Londres chroniquée par Defoe, ne joue pas seulement le regain d'actualité de la peste à Marseille, en 1720, mais aussi l'incendie qui ravagea Londres en 1666, l'année qui suivit l'épidémie londonienne. « La peste est comme un grand incendie qui, s'il n'existe que quelques maisons contiguës à l'endroit où il se déclare, ne pourra dévorer que ces quelques maisons ; ou s'il éclate dans une maison isolée ne pourra brûler que cette seule maison. Si, au contraire, il commence dans une ville ou une cité aux maisons très rapprochées et prend de la force, sa violence s'accroît d'autant, il fait rage partout et consume tout ce qui est à sa portée[2]. »

La discipline exercée sur l'espace attaqué par la peste est celle du morcellement distributif : éloignement des dépôts d'ordures et des cimetières, assignation des malades à résidence à l'intérieur de maisons marquées d'une croix rouge et condamnées, division de la ville en circonscriptions sous contrôle et séparation des cas suspects ou déclarés des foyers présumés sains. Quand la peste arrive à Nouméa de Calcutta, par Sydney, l'espace urbain devient ainsi sanitaire. Il est divisé d'abord en deux secteurs. Un premier comprend les quartiers Latin, de l'Orphelinat, des vallées du Génie et des Colons, du faubourg Blanchot. L'autre secteur est celui des deux vallées du Tir et de « la Ville proprement dite ». À chaque secteur est affecté comme inspecteur un médecin des colonies qui délivre un « passeport sanitaire » en l'absence duquel aucun Asiatique ou Kanak ne pourra sortir de la presqu'île. « Une barrière de tôle enfoncée d'au moins 10 centimètres en terre afin que les rats, souris, etc., ne puissent pas la franchir, suivra d'une façon ininterrompue la rue Solférino de la mer à la mer le long du trottoir côté du quartier contaminé. Une porte ouverte au public sera ménagée à l'extrémité de cette barrière, côté du port. Un poste médical de désinfection sera organisé auprès de cette porte. Toute personne sortant du quartier contaminé devra passer au poste médical et y subir toutes les mesures de désinfection nécessaires qui seront réglementées par une décision du directeur de la santé. En outre, les établissements publics ou privés ayant façades sur la rue Solférino pourront, après avis favorable de la Commission d'exécution des mesures sanitaires transmis au Gouverneur sur avis personnel par le Directeur de la santé, être autorisés à établir à leurs frais un couloir

2 *Ibid.*, p. 1087.

en retrait en tôles de même taille et disposées de même manière que la grande clôture. Ce couloir devra aller directement et sans interruption de la porte de l'établissement à une porte qui sera pratiquée également à leurs frais dans la grande clôture de telle sorte que cette issue puisse être close hermétiquement la nuit. Ces portes ne seront d'ailleurs ouvertes que de 6 heures du matin jusqu'à 6 heures du soir. Le chef de chaque établissement autorisé à disposer d'une ouverture particulière sera responsable de l'accomplissement des diverses mesures sanitaires et soumis au contrôle du médecin inspecteur sanitaire du secteur. Tous les engagés océaniens et asiatiques résidant dans le quartier contaminé seront évacués sur l'îlot Sainte-Marie par les soins du Service des affaires indigènes et de l'immigration. Les seules exceptions ne pourront être faites qu'après décision du Gouverneur prise sur avis favorable de la Commission d'exécution des mesures sanitaires transmise avec avis au chef de la Colonie par le directeur de la santé. L'autorité militaire établira les factionnaires jugés nécessaires par le Directeur de la santé qui devra ordonner directement au Chef du service des travaux publics toutes les mesures à prendre pour leur installation » (arrêté du 23 décembre 1899).

Ce qui frappe, au-delà de la clôture, est non seulement le marquage urbain décalqué de l'urbanisme existant mais aussi sa porosité relative : une porte est ménagée donnant passage au port, un trottoir est doublé d'un couloir intérieur ouvert aux heures fixées pour un établissement bancaire et les Messageries Maritime et Glacière (ainsi qu'une minoterie). Sont postés des factionnaires aux deux ouvertures ; il n'en reste pas moins que l'isolement laisse à la circulation des infrastructures et des biens de quoi fonctionner. La « grande clôture » n'est pas une coupure absolue. L'autre point concerne le prélèvement pratiqué sur la population de façon sélective : il n'est question que des engagés soit océaniens (Loyaltiens et Néo-Hébridais) soit asiatiques (Indiens et Tonkinois), nullement des habitants du quartier d'origine européenne. À ces engagés par contrat de main-d'œuvre en provenance des autres colonies françaises est réservé l'internement de quarantaine en lazaret sur l'îlot Sainte-Marie dans la baie de Nouméa du même nom. « Ces engagés seront fractionnés en groupes ayant chacun un chef responsable et devront édifier eux-mêmes, à l'aide des matériaux qu'ils trouveront sur place, leurs habitations. Il sera pourvu à leur subsistance par les soins du service des affaires indigènes à charge de remboursement par les engagistes » (arrêté du 23 décembre

1899). On a donc un système de protection sanitaire hybride, ou jouant simultanément sur deux tableaux : d'un côté, découpage interne à même la ville (avec ses interstices éventuels) et, de l'autre, exclusion d'une partie de la population dans une île (avec son communautarisme autarcique, indifférenciateur en même temps que segmenté). Si la lèpre évolue, comme on l'a vu, vers les techniques de découpage propres à la peste, celle-ci, par un aspect de son insularité, rappelle irrésistiblement ce que fut la lèpre : un exil. Il y a par conséquent deux modèles insulaires. Un modèle est d'insulariser la ville (on rappellera que Nouméa s'est édifiée sur une presqu'île). Un autre est d'utiliser l'île en tant que telle à des fins non plus d'inclusion mais d'exclusion. Si les deux sont concomitants, c'est qu'ils sont complémentaires. En scindant la stratégie d'isolement, l'opération du partage est rendue possible : ici les pestiférés potentiels (indigènes) et là ceux qu'on entend protéger parce qu'ils appartiennent à la colonie de droit (Européens).

Un aspect du dispositif est la mise en observation de quarantaine. On affectera l'îlot Freycinet pour les voyageurs européens de condition libre (à distinguer des bagnards et des engagés) qui voudraient se rendre dans l'intérieur du pays par cabotage. Ils ne pourront s'embarquer sans avoir effectué sur cet îlot la quarantaine. En accord avec un décret du 31 mars 1897 sur la police sanitaire maritime, des instructions sont données pour aménager les installations : jetée, pavillon de désinfection, pavillon d'isolement des passagers de 1re et 2e classes, un autre à destination des 3e classe, infirmerie, cabinet du médecin, logement du gardien, magasin des marchandises et des bagages à purifier, magasin des vivres, entrepôt des objets purifiés, citernes, lavoirs, latrines et caisses à eau voire salles de bains, matériel technique tel que trempeur et pulvérisateur. Le minuscule îlot Freycinet, qui ferme la baie de Dumbéa non loin de l'île aux Chèvres, est, comme celle-ci, régi par l'assistance publique. En 1892, un courrier du directeur de la santé dit que « rien n'est prévu pour l'isolement des maladies contagieuses qui pourraient se déclarer dans le groupe quarantenaire[3] » et que les deux versants de l'îlot devraient être chacun conditionnés, l'un pour l'observation, l'autre à des fins proprement médicales sur un terre-plein près du sommet regardant vers la Grande Terre. « La distance est assez grande et

3 ANOM, série géographique Nouvelle-Calédonie, carton 9 (lettre du directeur de la santé Grall au directeur de l'Intérieur, 7 juillet, 1892).

l'isolement facile à obtenir pour qu'au point de vue quarantenaire on puisse considérer les deux groupes comme distincts[4]. » Spatialisation, spécialisation : l'île est donc à son tour insularisée pour y dédoubler la fonction sanitaire et médicale en sus de la fonction sociale (entre classes de passagers considérés). L'épidémie de béribéri touchant les Annamites et Tonkinois d'un convoi de 800 engagés venus par le *Chéribon* se déclare à l'îlot Freycinet même en 1891. On doit d'urgence évacuer le lazaret devant la mortalité (40 décès) provoquée par la concentration des malades ! Ils sont débarqués sur la Grande Terre, où 250 atteints sont sauvés[5].

Le paradoxe d'un lazaret mortifère est le même en Guadeloupe avec l'îlet à Cabrit des Saintes, où se tient la quarantaine à l'intention des engagés d'origine indienne. En 1884, un convoi de 565 immigrants de Karikal et de Pondichéry prend le chemin de l'îlet à Cabrit pour une quarantaine de 30 à près de 60 jours. « Les fatigues de cette longue quarantaine, venant s'ajouter à celles de la longue traversée [88 jours], n'étaient pas faites pour améliorer l'état de santé des passagers du *Boyne* ; aussi sont-ils rentrés du lazaret avec des affections de toute sorte qui, dans les huit jours de leur réception au cantonnement, ont nécessité l'envoi successif d'une centaine d'entre eux à l'Hôtel-Dieu, le seul des hospices qui fût alors susceptible de recevoir des immigrants ; et le chiffre de 100 s'est élevé progressivement jusqu'à 151 par suite de nouveaux cas de maladie[6]. » C'est, semble-t-il, une épidémie de varicelle qui cause ainsi la mort de 9 personnes à bord et de 10 au lazaret, que 21 de l'Hôtel-Dieu suivront. Les morts et les malades, qualifiés de « non-valeurs » aux yeux des engagistes, ne donnent pas le « comptant » de livraison. Le « solde » est mis en substitution chez ces engagistes à titre de restitution par la caisse de l'Immigration qui fait les frais d'une opération « désastreuse » économiquement. La même année, c'est encore une épidémie de varicelle qui touche un convoi d'Indiens de Karikal et de Pondichéry transportés sur le *Whiteadder*. Au cours de la traversée de 96 jours, il meurt à bord 9 engagés, puis 13 autres au lazaret pendant 2 mois de quarantaine.

4 *Ibid.*

5 Une autre épidémie de béribéri sévit l'année suivante à Thio, dans le groupe des travailleurs japonais venus pour travailler dans les mines en janvier 1892.

6 Série géographique Guadeloupe, Fonds ministériel FM 14, carton 55, dossier 395 immigration indienne (27 septembre 1884).

Un tableau nous est resté des mouvements du lazaret de l'îlet à Cabrit des Saintes. Il remonte à 1898 et fait état des ports de départ (Naples, Stettin, Le Havre, Nantes, Bordeaux, Marseille, Harwich) et de la durée de la quarantaine (entre 4 et 12 jours au lieu des 21 réglementaires). Un service de goélettes, à partir des ports de Basse-Terre ou de Pointe-à-Pitre, est là pour assurer le transport des quarantenaires au lazaret, que des canots saintois fournissent en vivres. Il est opérationnel en 1871. Un médecin des Saintes, Sauzeau de Puyberneau, le décrit comme « isolé sans éloignement » : « On peut se rendre de Terre d'en Haut au lazaret en une vingtaine de minutes. Et pourtant, si la surveillance du gardien comptable et des agents sanitaires s'effectue convenablement, l'isolement est parfait. Il ne faut pas perdre de vue que c'est le seul point où l'isolement naturel puisse être complet[7]. » Pour un autre médecin, responsable du lazaret vers la fin du siècle, il est impossible, en effet, de trouver meilleur emplacement : « brise constante, température modérée, grande et permanente aération[8] ». Les installations sont situées sur les flancs d'un vallon surmonté de trois sommets, dont l'un se trouve occupé par une prison centrale qui sert aussi de dépôt pour les condamnés coloniaux dits réclusionnaires et les futurs forçats guadeloupéens que deux convois par an conduisent au bagne en Guyane[9]. Deux corps de bâtiment de 30 mètres de long construits en bois (soubassement maçonné, couverture en tôle ondulée) dominent, au niveau d'un resserrement formé par l'îlet dans sa largeur, en terrain dégagé, le chemin qui s'élève entre deux cases à partir d'une bande littorale et d'une avancée de terre dans le prolongement desquels, au pied du massif, on voit aussi deux autres bâtiments côte à côte en toits de tôle alignés dans le sens de la longueur. Un cliché de carte postale offre une vue d'ensemble où deux bâtiments de la quarantaine se font face alors que les deux autres se coupent en ligne oblique et perpendiculaire en forme de S. Sur le versant du morne à Cabrit, un bâtiment semblable aux quatre autres, en surplomb, se trouve à proximité de trois habitations du personnel sanitaire et de surveillance. En tout, ce sont quatre corps de bâtiments dont la valeur partielle est estimée par le Domaine à 100 000 francs, pour une capacité

7 Sauzeau de Puyberneau, *Monographie sur les Saintes (dépendance de la Guadeloupe)*, Bordeaux, Imprimerie du Midi, Paul Cassignol, 1901, p. 42.

8 FM 14, 172-1085, fonctionnement du service médical des Saintes (21 novembre 1898).

9 *Cf.* Éric Fougère, *La Prison coloniale en Guadeloupe*, Matoury (Guyane), Ibis Rouge Éditions, 2010.

de 600 personnes. Endommagés par l'ouragan de 1928 ayant rasé le principal, ces bâtiments font l'objet d'une demande de crédit pour leur réparation de 200 000 francs en 1933[10].

L'administration du lazaret, codifiée par un décret qui réorganise le service sanitaire de Guadeloupe en 1893, est placée sous l'autorité du chef de service de santé de la colonie. Sous ses ordres il a des « agents sanitaires » : un « principal » (à l'hôpital militaire de Pointe-à-Pitre) et des « ordinaires » (aux ports secondaires de Port-Louis, du Moule, de Grand-Bourg et des Saintes). Au lazaret, dirigé par un médecin, le gardien fait régner la police en qualité d'agent sanitaire. Il est assisté de gardes. D'autres médecins, réunis en commissions, sont alternativement chargés de l'arraisonnement. L'officier de port est chargé de pourvoir au transport des quarantenaires ainsi que des vivres et des objets qu'on destine au lazaret, dont un règlement fixe le prix de la nourriture et les conditions de logement, sauf pour les meubles et les objets de première nécessité fournis gratuitement par l'administration.

Le lazaret de l'îlet à Cabrit des Saintes, à l'usage, essuie des critiques. Il y a la question du confort. Elle est examinée pour une partie de la population des internés qui paye une redevance en droit de leur assurer le bien-être empêché notamment par une exposition trop forte au soleil. Il y a surtout la question de qualité d'un isolement diminué par la proximité des prisonniers. Ceux-ci ne sont séparés des internés que par une clôture en barbelés. Les internés ne sont pas non plus suffisamment séparés les uns des autres. Il y a des cloisons mais leur étanchéité ne va pas jusqu'à permettre la désinfection d'un compartiment sans risquer d'asphyxier les occupants de compartiments voisins si ceux-ci ne sont pas tous au préalable évacués. Le défaut de sanitaires fait courir des risques épidémiques importants dont le lazaret deviendrait, par inversion, le foyer d'infection. L'outillage est jugé rudimentaire. Il existe une chambre à désinfection, mais pas d'étuve à vapeur. En conclusion : « nous voyons que le lazaret de l'îlet à Cabrit, bien que placé dans une situation parfaite au point de vue de la ventilation[11], est privé d'air dans la plupart des bâtiments et dépourvu d'ombrages ; que les quarantenaires n'y sont

10 *Cf.* ANOM, 1 TP (Travaux publics), carton 449, dossier 18 (devis pour le lazaret des Saintes, 8 avril 1933) et 1 TP 451-11.

11 L'îlet des Saintes est désigné comme un lieu propre à l'installation d'une ambulance (ou « dépôt de convalescence ») par le gouverneur Lardenoy dans une lettre à son ministre du 20 octobre 1817. Y sont déjà placés vingt soldats convalescents dans une « baraque » avec

pas isolés les uns des autres ou si peu que les communications entre les séries [de passagers] peuvent être constantes ; que la désinfection des bagages personnels y est impraticable sans détérioration des effets ; que l'eau potable risque d'y être constamment contaminée ; que la voierie ne peut même pas y être soupçonnée ; que les bêtes rouges en font un lieu de supplice pour les internés ; que pour y arriver on peut courir des dangers réels ; enfin que la colonie, vu l'éloignement du lazaret des Saintes, est obligée de supporter des dépenses considérables[12]. »

Aux épidémies la police sanitaire oppose une série de mesures analogues à celles déjà connues pour la lèpre : inspection médicale, observation des malades, éventuel isolement de ceux-ci. La différence essentielle est dans l'apparition d'une police maritime. On ne séparera pas seulement les individus bien portants des malades ; on prendra les décisions de préservation des pays sains contre les pays contaminés. « Quels que soient la compétence, le zèle, et l'activité des autorités sanitaires des ports d'arrivée, quel que soit l'outillage mis à leur disposition, ce n'est pas en quelques heures, qui paraissent toujours trop longues, que la visite médicale, l'inspection du bord et les désinfections nécessaires peuvent être pratiquées de manière à assurer la rigoureuse exécution des prescriptions sanitaires. L'intervention du service sanitaire ne devrait être en réalité, dans la presque généralité des cas, qu'un contrôle et complément de garantie : c'est à cela que doivent tendre tous les efforts combinés des administrations sanitaires et des services maritimes. Plus la part faite au médecin du bord sera effective, plus le concours du commandement aura été largement et intelligemment compris, et plus les facilités données à l'arrivée seront grandes. Inversement, plus les conditions d'hygiène auront été négligées à bord, plus les autorités sanitaires auront le devoir d'être sévères et d'exagérer les précautions[13]. »

De 1853 date un recueil d'actes et d'instructions pour l'exécution de la convention sanitaire internationale applicable aux colonies françaises.

---

un très bon résultat sanitaire. *Cf.* ANOM, 09 DFC (Dépôt des cartes et fortifications), carton 45, dossier 25.

12 FM 14, 172-1085. Rapport sur le lazaret des Saintes et sur les avantages que pourrait présenter la construction d'un nouveau lazaret (document non daté [1900 ?], signé du chef de service de santé Dr Clavel).

13 ANOM, Fonds ministériels, Généralités, carton 440, Inspection générale du service de santé. Circulaire imprimée du ministère de l'Intérieur et des Cultes aux directeurs des compagnies de navigation maritime en date du 15 octobre 1901.

Y figure un modèle d'interrogatoire pour la reconnaissance sanitaire en dix questions faites aux commandants de bateaux : D'où venez-vous ? Avez-vous une patente de santé ? Quels sont vos nom, prénoms et qualité ? Quel est le nom, le pavillon et le tonnage de votre navire ? De quoi se compose votre cargaison ? Quel jour êtes-vous parti ? Quel était l'état de la santé publique à l'époque de votre départ ? Avez-vous le même nombre d'hommes que vous aviez au départ, et sont-ce les mêmes hommes ? Avez-vous eu, pendant la traversée, des malades à bord ? En avez-vous actuellement ? Avez-vous eu quelque communication pendant la traversée ? N'avez-vous rien recueilli en mer ? Dans les cas d'arraisonnement, les autorités locales ont le droit de faire, indépendamment des questions ci-dessus, toutes autres questions qu'elles jugeront nécessaires à l'éclaircissement de la situation sanitaire des navires au long cours. Des tableaux de quarantaines spécifient le pays de provenance affecté par une épidémie, le pays d'arrivée, le pavillon des bateaux, la nature de la patente de santé (brute ou nette), la nature et la quantité des marchandises et des passagers. Deux conséquences importantes en découlent. 1° C'est plus que jamais la notion de population qui fait le lien des personnes et des pays qu'il faut maintenir en relation suivie plutôt qu'en état de ségrégation. 2° C'est dorénavant sur la mer et dans le bateau que le principal enjeu se situe, dans cet intervalle et dans ce microcosme où la santé dépend du sérieux des importateurs et des compagnies de transport. Aussi l'espace insulaire de la quarantaine a changé de tactique en comparaison de celui de la séquestration lépreuse : il ne s'agit pas de l'établir au plus loin mais au plus près des centres d'intérêt commercial, à proximité des ports, à la plus faible distance possible entre point de départ et point d'arrivée d'un trajet qui ne sera dévié qu'en dernière nécessité.

Quand la création d'un second lazaret guadeloupéen vient en débat, c'est la considération de son emplacement qui suscite, entre autres intérêts, l'attention des partisans de l'îlot Gosier plus rapproché de Pointe-à-Pitre et d'un accès plus aisé : « Les navires peuvent en effet mouiller dans le nord-ouest de l'îlot et les chalands et embarcations peuvent aborder facilement le rivage [...] surtout si l'on y construit un wharf[14] de 10 à 20 mètres[15] ». Mais les inconvénients l'emportent encore à ce niveau :

14 Appontement.

15 FM 14, 267-1658. Réunion du Conseil sanitaire (14 mars 1893).

« pour le débarquement des marchandises à désinfecter on rencontrera des difficultés considérables ; les paquebots ne pourront pas faire leur débarquement avec toute la sécurité désirable[16] ». Une solution serait de ne pas débarquer les marchandises et de les désinfecter sur un chaland doté d'appareils au moyen desquels on pratiquerait la fumigation des marchandises en rade. En 1893, on établit le nouveau lazaret sur l'îlet Cosson tout près de Pointe-à-Pitre. Il en est question depuis 1889, où sont déjà, pour traiter les marchandises, installés des appareils à fumigation. « Le lazaret des Saintes, écrit le chef du Service de santé, me paraît avoir fait son temps. Sa situation éloignée des centres commerciaux, pouvait être avantageuse à l'époque où la prophylaxie consistait simplement dans l'isolement des contaminés, mais devient embarrassante à notre époque de progrès. Avec les idées scientifiques en cours et les transactions commerciales à la vapeur, il importe de diminuer la durée des quarantaines en perfectionnant les moyens de désinfection. Il s'agit donc de trouver un emplacement où les déchargements pourront se faire sans perte de temps, sans danger économiquement ; où il sera facile de désinfecter à l'étuve cargaisons et bagages. Le budget local sait ce que lui coûtent les périodes quarantenaires et nos malheureux proscrits oublient difficilement les risques qu'ils ont quelquefois courus dans la traversée du canal des Saintes[17]. »

Ce que les sulfones ont fait pour la lèpre, il faut penser que la vapeur (étuve et navigation) l'a fait pour les épidémies. Mais technologie n'est pas thérapie. Si le parti des médecins défavorable aux lazarets l'emporte ici, quand il reste, en même temps, favorable aux léproseries, c'est au nom d'un libéralisme économique ouvert à la « libre pratique » ayant pour effet de substituer l'inclusion des biens dans un circuit d'échange à l'inclusion des maladies dans une organisation de contrôle. Un signe des temps : la législation sur les quarantaines émane à présent des ministères du commerce et de l'agriculture[18], accessoirement des colonies… C'est à la division des travaux publics de prendre en main les épidémies. Si la nation la plus avancée sur le front du lobby contre les quarantaines est, alors, insulaire, à savoir le Royaume-Uni, c'est sans doute en raison de sa forte identité maritime et du rôle tenu par la navigation dans

---

16 *Ibid.*

17 *Ibid.* Lettre du 19 février 1893 au directeur de l'Intérieur.

18 Et non plus des ministères de l'Intérieur et de la Marine.

son commerce. Un argument scientifique est la durée d'incubation de la peste. On ne la dit pas supérieure à dix jours au maximum, et cela suffit pour décider le gouvernement britannique à se contenter d'une observation de quelques heures en comptant désormais le temps de navigation dans la fixation des durées de quarantaines, exceptionnelles en dehors des vérifications de patentes et des interrogatoires obligatoires. Or, le raisonnement se retourne. En effet, le gain de vitesse obtenu par la marine à vapeur est ce qui va justement jouer contre elle en matière de diffusion des nouvelles épidémies comme la fièvre jaune et le choléra, puisque la peste a disparu par voie terrestre. Un enjeu sanitaire est dorénavant presque exclusivement maritime. Il est contradictoire avec l'enjeu commercial. Une inversion prophylactique a, par conséquent, doublement lieu. D'abord il ne s'agit plus de faire de l'île un lieu de relégation, de nature à renforcer les épidémies par la concentration des maladies, mais de transit, où la distribution des malades est effectuée par un classement sélectif en vue d'une redistribution des personnes aussi bien que des marchandises. Ensuite, il s'agit de remplacer progressivement la quarantaine obligatoire par une quarantaine facultative et la désinfection facultative par une désinfection obligatoire en réduisant la durée des isolements à 5 jours.

LES ÉPIDÉMIES DE FIÈVRE JAUNE ET DE CHOLÉRA

Cas des Saintes

Les épidémies consécutives aux maladies qu'on dit « tropicales » ont pour effet d'orienter l'action sanitaire en direction de la métropole. Ainsi, la fièvre jaune est-elle explicitement visée par une ordonnance du 20 mai 1845 apportant des modifications de circonstance aux règlements nationaux de quarantaine antérieurs. Il s'agit de concilier les intérêts du commerce et de la santé publique en admettant les navires en provenance des Antilles et d'Amérique à la « libre pratique » à condition que, dans les 10 jours ayant précédé leur arrivée, ne soient déclarés ni morts ni malades atteints de fièvre jaune à bord. Une quarantaine est exigible en cas contraire. Une commission formée sur ordre du ministre de l'Intérieur à l'occasion d'une recrudescence de fièvre jaune en Guadeloupe, ayant entraîné le décès de plusieurs marins pendant la traversée jusqu'à Bordeaux, trahit tout l'embarras d'intérêts concurrents. La commission reconnaît : 1° que la fièvre jaune est contagieuse, 2° qu'elle peut être importée, 3° qu'il y a lieu, contre l'introduction de cette épidémie, de la soumettre à quarantaine à l'intérieur de lazarets ; mais qu'on doit toutefois remarquer : 1° que la fièvre jaune ne paraît *pas toujours* être contagieuse, 2° que la contagion par la fièvre jaune est *plus limitée* que dans la peste puisque, aux Antilles, il n'y a *presque jamais* que les Européens non acclimatés qui soient infectés par la fièvre jaune, 3° que les risques de son exportation sont conséquemment *moins* considérables, 4° que *généralement* les marchandises et denrées des Antilles sont *moins* susceptibles que celles de l'Orient de propager cette épidémie, et qu'à cet égard il n'y a *guère* que les cuirs et les cotons qui pourraient en conserver les miasmes, 5° que, sous ce rapport, il n'y a pas parité entre la fièvre jaune et la peste et qu'il ne peut y avoir application pour la première des règles de quarantaine en usage pour la seconde, 6° que la traversée de l'Océan étant beaucoup plus longue que celle de la Méditerranée, il y a déjà une épreuve qui doit entrer dans la considération de l'étendue de la quarantaine[1].

« La peste, qui dans le système de la contagion tient le premier rang, note Kéraudren au tome XII des Mémoires de l'académie de médecine, a été prise comme point de départ, et les précautions restrictives appliquées à d'autres maladies exotiques que l'on considéra comme entachées du même vice, découlèrent du même principe[2]. » Une opinion répandue dans le Service de santé de la marine est que les épidémies de fièvre jaune et de choléra ne sont pas nécessairement contagieuses en Europe. On en veut pour indication l'innocuité de la fièvre jaune en France après le retrait des troupes de Saint-Domingue, où cette fièvre a pourtant décimé des milliers de soldats de l'armée de Leclerc partie pour mater l'insurrection des esclaves : « la fièvre jaune s'éteint à la mer avant de toucher nos côtes » de la même façon que la peste s'est arrêtée à Marseille sans toucher l'Océan[3]. La fièvre jaune arrive de Guadeloupe et de Martinique en 1819 à bord d'une gabare, la *Panthère*, où 6 marins sont morts après 21 autres hospitalisés dans les deux îles. Elle est mise en quarantaine dans la rade d'Aix. Il y a 18 malades à l'arrivée. La procédure est aux mains d'une commission de santé qui détache un bateau stationnant dans le port et communique à distance avec celui qu'il s'agit d'arraisonner. La commission, de retour à son port d'attache, est réunie pour délibérer sur les suites à donner en conseil. On distinguera la quarantaine d'observation, qui peut se faire au mouillage (à condition de porter pavillon jaune), et la quarantaine de rigueur, à subir en hôpital ou lazaret. « Les équipages ou les malades attaqués de contagion, que l'on sera forcé de mettre à terre, seront placés sur quelque île, s'il en existe, ou dans une habitation isolée, assez éloignée du port, et environnée d'un mur de clôture, d'une palissade ou autre entourage, qui permette d'aposter des gardes en dehors pour en empêcher la sortie », stipule un des 115 articles du règlement conçu par Kéraudren en 1816.

Le discours est différent, comme on le voit, quand il s'agit de la fièvre jaune et de la peste, qui refait surface en Italie du Sud et dans les

1 ANOM, Fonds ministériels FM, Généralités, carton 297, dossier 1978. Courrier sur la fièvre jaune du 8 août 1817. Nous soulignons.

2 *Ibid.*

3 *Ibid.*

îles de Sardaigne et de Corfou, voire encore en Norvège. Il est même à l'opposé de celui que tenait Kéraudren, avant d'être inspecteur du Service de santé, quand il écrivait l'exposé préliminaire de son projet de règlement, lorsque la fièvre jaune arrive en Europe du Sud au début du XIXe siècle : « Ce n'est pas trop des précautions les plus minutieuses et les plus sévères pour écarter une telle calamité. [...] Espérons que les précautions qui ont été prises seront suffisantes pour prévenir l'introduction, par terre, des personnes ou des choses susceptibles d'importer parmi nous les germes de la fièvre jaune, que le grand intérêt de la santé publique doit faire considérer comme réellement contagieuse, quoique l'opinion contraire soit celle de plusieurs médecins instruits. [...] Il ne faut pas perdre de vue que la France a une étendue immense de côtes, et que c'est toujours par mer que nous sont venues les différentes pestilences, qui, en général, sont originaires des pays chauds. La distance qui nous éloigne des contrées qui ont été le berceau, et qui sont encore le foyer de la fièvre jaune, est bien plus considérable sans doute que l'espace qui nous sépare de l'Espagne ou de l'Italie ; mais l'Océan unit toutes les parties du globe ; la navigation établit des communications fréquentes et presque immédiates entre nos ports, l'Afrique ou l'Amérique. C'est ici surtout qu'il serait vrai de dire que les principes délétères de la contagion sont susceptibles d'être portés au loin par les vents, et de faire ainsi le tour du globe, puisque ce sont les vents qui poussent sur les flots le vaisseau qui les renferme. La fièvre jaune est pour l'Europe une maladie exotique, et ce n'est que de cette façon qu'elle a pu y pénétrer. [...] Lorsque l'amiral Villaret rentra à Brest avec les vaisseaux qui avaient porté à Saint-Domingue l'armée du général Leclerc, la fièvre jaune fut sur le point de se répandre dans la ville[4]. »

Entre 1845, où Kéraudren a pris sa retraite, et 1816, où le même est médecin-consultant près le ministère de la marine, les choses ont bien changé. C'est que l'enjeu sanitaire est une chose et le commercial en est une autre, avec les colonies. La multiplication des plaintes à l'encontre de points du règlement trop sévères encourage ainsi le ministère de la marine, au nom des Antilles, à demander la révision de ces points par le ministère de l'Intérieur, puisque les deux directions sont intéressées, concurremment, l'un à la santé publique et l'autre à la santé du

4 *Ibid.*

commerce[5]. Aux colonies, par contre, il en va différemment, dans une économie de commerce exclusif avec la métropole et que leur insularité, comme à Bourbon (la Réunion), rend plus vulnérables en même temps que plus faciles à protéger. Vulnérable en ceci que les épidémies peuvent attaquer tous les points d'un espace exigu. Facile à protéger, parce que cet espace est isolé naturellement. C'est un discours obsidional qui caractérise celui de l'île Bourbon quand le choléra s'y déclare en 1819 après avoir atteint l'île Maurice. Un « souffle ennemi » de contagion fait dire à l'administration de Bourbon qu'« il faut frapper de terreur [...] ceux qu'une aveugle cupidité vient de placer au nombre des hommes les plus criminels de la société » que sont les « étrangers » coupables d'introduire, en commerce interlope, une main d'œuvre esclave au « souffle empoisonné[6] ». Jour et nuit, l'île est surveillée par des sentinelles et des patrouilles en armes. Un tour de côtes est réalisé par des croisières en couvrant la colonie d'un « double rempart[7] ». Une ordonnance est prise à l'encontre des bateaux qui viendraient « vomir[8] » les esclaves et la maladie depuis Madagascar : Tout individu qui communiquera avec la terre ou les bâtiments en rade sans en avoir obtenu la permission, sera puni de mort (article 1er) ; Tout individu qui aura participé directement ou indirectement à ladite communication, ou qui aura facilité le moyen de débarquer, ou qui aura reçu chez lui, sans en avoir prévenu de suite l'autorité, des personnes auxquelles il n'aurait pas été permis de communiquer, ou des marchandises provenant de bâtiments auxquels la communication n'a pas été permise, sera également puni de mort (article 2) ; Tout habitant, qui n'aura pas sur son habitation un régisseur ou économe de la population blanche ou libre, et chez qui l'on trouverait des hommes ou des choses débarqués en contravention à la présente ordonnance, et qui n'aurait pas prévenu l'autorité, sera réputé complice et pourra, suivant les circonstances, être puni de peines afflictives ou même de mort (article 3)[9].

En 1857, le ministère de l'agriculture et du commerce et le ministère de la marine se concertent en vue d'uniformiser la législation

5 Voir *Ibid.*, lettre du 12 juin 1819.

6 *Ibid.* Extrait du registre des procès-verbaux du Conseil de gouvernement et d'administration de la colonie de l'île Bourbon, séance extraordinaire du 14 décembre 1819.

7 *Ibid.*

8 *Ibid.*

9 Ordonnance du 14 décembre 1819.

sanitaire en métropole et dans les colonies, sur la base de conventions sanitaires internationales et de ce qui se pratique à leur exemple en Algérie pour harmoniser l'administration des questions de santé, mais le décret du 31 mars 1897 portant règlement de police sanitaire est toujours spécifique aux colonies, si bien qu'on en est encore à déplorer les disparités réglementaires. En 1883, par exemple, on se plaint de ne pas voir adoptées par la colonie du Sénégal les mesures prises contre la fièvre jaune à propos de l'Amérique intertropicale. Or, la liaison du Brésil au Sénégal est réduite à 5 jours pour les navires en relâche à Pernambouc, et la fièvre jaune est qualifiée, là comme ici, de « sporadique » (ou chronique). Au Sénégal, elle atteint le seuil épidémique en 1881, puis en 1900, faisant dire : « En face d'une épidémie de fièvre jaune, le meilleur moyen d'arrêter les progrès consiste à faire le vide autour du foyer. C'est dans ce but qu'il y a lieu de préparer à l'avance et en permanence tous les moyens pour disperser les troupes, et, dans la mesure du possible, la population civile européenne dès la première alerte[10] ». Un nouveau schéma prophylactique est donc en place. Il tranche avec l'endémie lépreuse et la classique épidémie pestilentielle en un point déterminant : c'est que l'isolement de la maladie se confond, pour lors, avec une protection des malades elle-même isomorphe avec la protection des gens sains qu'il s'agira de fractionner par petits groupes autarciques. À l'idée de cordon (faire le vide) il faut ajouter le principe d'éclatement (disséminer). La stratégie fait son chemin depuis 1838 avec l'épidémie de fièvre jaune affectant la Guadeloupe et la Martinique, après la Dominique. On ignore encore tout de la transmission par un moustique. On attribue donc à l'« atmosphère » une influence maligne où la quarantaine est jugée sans effet parce que l'étiologie de la fièvre jaune est expliquée par la météorologie. De savants recoupements sont faits sur la force et l'orientation des vents, les variations de pression, d'électricité, de température et d'humidité suivant les moments de l'année[11]. Pour que l'infection se communique, il faut que les causes

10 FM, Généralités 440 (rapport du 18 septembre 1900 sur la fièvre jaune au Sénégal).

11 « Quand la température est humide, que le ciel est chargé de nuages, et que les vents règnent du N. à l'E., la gastro-entérite prend quelquefois la forme du choléra ; si, au contraire, les vents passent au S. S. O., qu'ils soufflent de cette partie pendant une certaine durée, et que la chaleur acquiert de l'intensité, la gastro-entérite revêtira les caractères de la gastro-entéro-céphalite exagérée, ou fièvre jaune ; mais dans les temps ordinaires, lorsque le thermomètre centigrade ne dépasse pas le 32e degré, et que les vents

aient acquis suffisamment de force au *même* endroit sur des personnes *isolées*. La contagion n'est pas autrement prouvée. Mais alors l'infection ne dépend plus des lieux…

Quand l'épidémie refait surface aux Antilles en 1852 puis 1856, on constate à nouveau ce fait qu'elle s'arrête où les gens susceptibles de contracter la maladie sont en moins grand nombre et que celle-ci ne « prend » vraiment que dans les navires où ceux-ci sont concentrés. Dès qu'on les disperse, elle disparaît faute d'aliment. C'est sur ce fondement que des médecins martiniquais conseillent un lieu de retraite immunisé contre les vents délétères avant de préconiser, si la maladie venait à pénétrer dans le retranchement, de « disséminer, par petits détachements[12] » les malades. Le lieu constitue donc une variable au service de la seule constante du seuil de densité des hommes occupant ce lieu. « Si un renouvellement de garnison avait lieu dans des circonstances pareilles, il est presque assuré que la maladie prendrait le caractère épidémique[13] », signale ainsi Quoy, l'inspecteur général du Service de santé de la marine, en soulignant la corrélation d'un type de population réputée plus exposée (les Européens fraîchement débarqués de métropole) et de son resserrement dans un même espace (la caserne ou l'hôpital). Le même Quoy ne fait pas grand cas des doctrines environnementales héritées d'Hippocrate et des médecins martiniquais qui s'en inspirent[14] ; il n'en conclut pas moins lui-même à la nécessité de désengorger l'hôpital et de « disséminer[15] » les malades et les ambulances à multiplier. Comme il existe autant de foyers d'infection qu'il y a de personnes infectées,

---

sont variables de l'E. à l'O., en passant par le N., on observe la gastro-entérite bénigne, les affections dysentériques, l'hépatite, etc., etc., etc. » *De la fièvre jaune qui a régné à la Martinique en 1838 et en 1839. Rapport de l'académie royale de médecine sur un mémoire de M. le docteur Catel, membre correspondant de ce corps savant et médecin en chef de la Martinique, par le Dr N. Chervin*, Paris, Imprimerie royale, 1840, p. 9.

12 Rapport de la commission spéciale chargée d'examiner les causes de l'épidémie régnante, in *Journal officiel de la Martinique*, volume XXXVI, n° 51, 26 juin 1852, p. 2.

13 Série géographique Martinique, Fonds ministériels 40, carton 48, dossier 386 (lettre du 19 juillet 1852).

14 « Outre que cette opinion ne paraît pas suffisamment fondée puisque le typhus ictérode est resté quelquefois plus de dix années consécutives sans se manifester, bien que les vents du sud n'aient pas moins été observés pendant la saison chaude, la définition d'une pareille cause serait absolument stérile, car je ne connais pas le moyen de changer la direction du vent ni de s'en garantir. » *Ibid.* Note de l'Inspection générale du Service de santé (23 juillet 1852).

15 *Ibid.* Note de l'Inspection générale du Service de santé (6 août 1852).

le but est aussi de limiter leurs mouvements, ce que les autorités font, localement, sur l'îlet Ramier, pour une compagnie d'artilleurs atteints de fièvre jaune. Or, le schéma d'isolement par insularisation, sans être absolument révoqué, n'est pas retenu comme une solution majeure aux yeux de Quoy : « Je crois avantageuse la décision qui a placé les artilleurs dans l'îlet à Ramiers, rocher abrupt ; si dans la première quinzaine 23 artilleurs sont tombés malades, dans la seconde 24 ont eu le même sort et les 8 derniers provenaient de l'îlet à Ramiers. Le fort de Saint-Jean d'Ulloa est une preuve que l'isolement au milieu des flots ne garantit pas toujours de la fièvre jaune. Mais l'îlet à Ramiers n'est point comme le fort mexicain, environné de bas-fonds découverts à marée basse[16]. » La surinsularité ne joue qu'en tant qu'elle est un des éléments de la dispersion prescrite en réponse à la dissémination des foyers d'infection.

Deux exigences à bien doser par les commissions pour les délivrances de patentes : état de santé des localités coloniales, état de santé des équipages embarqués dans les colonies, sachant que, si la fièvre jaune est endémique, ce sont ces localités qui constituent le foyer, mais que ce n'est qu'à bord des bateaux (de commerce et de troupes essentiellement) que le foyer peut devenir un vecteur épidémique. « Si la contagion directe a bien été niée, toujours on a admis la formation de foyers d'infection[17] », note encore Quoy. La doctrine alors en vigueur ne sépare pas l'importation de l'épidémie de sa constitution pathologique interne. On chercherait vainement des causes extérieures à sa « marche », écrit Dutroulau, médecin en chef de la colonie : « la maladie s'est développée par la seule influence des causes générales[18]. » Aux mêmes influences épidémiques, les mêmes conséquences. Il n'y a pas de raison de chercher, par exemple, une cause différente à l'importation de la fièvre jaune aux Saintes et en Guadeloupe, étant donné la soumission des deux îles aux mêmes « influences » en 1853. Mais, dit le médecin chef, « il n'en serait plus de même si c'était par ce point [les Saintes] que débutait une épidémie générale ; alors il serait possible, en effet, de déterminer le mode de son invasion. Ce n'est d'ailleurs que pour les colonies distantes et indépendantes les unes des autres qu'il est important d'être en garde

16 *Ibid.*

17 Série géographique Guadeloupe, Fonds ministériel FM 14, carton 104, dossier 738. Note de l'Inspection générale du Service de santé (30 avril 1853).

18 *Ibid.* Note relative au mode d'invasion de la fièvre jaune aux Saintes, au mois de mars 1853 (12 octobre 1853).

contre l'importation, et utile de la prévenir[19]. » En 1855, quand l'épidémie revient aux Saintes, à bord de l'*Iphigénie* venant de Fort-de-France, on a changé de configuration. L'évacuation de l'équipage entraîne immédiatement le danger de propagation de l'épidémie. Si bien qu'un autre bateau, la *Chimère*, est, quant à lui, préventivement mis en quarantaine avec tout son équipage. On est donc en présence de deux schémas tactiques opposés : si la fièvre jaune est importable, il faut empêcher par tous les moyens son entrée grâce à la quarantaine (isolement concentré), mais si la maladie n'est pas reconnue véritablement contagieuse, on peut se contenter d'un éloignement disséminateur. On considérera, dans un cas, que la fièvre jaune a des racines endémiques et qu'elle n'est qu'une exacerbation d'autres fièvres (intermittentes ou continues, bilieuses ou paludéennes) ; on pensera, dans l'autre cas, qu'elle présente un caractère épidémique affirmé de par sa spécificité marquée.

Le cas des Saintes est un cas d'école. Il est permis d'en espérer la réponse au débat de savoir s'il y a continuité logique ou non du *foyer d'infection* à l'*invasion contagieuse*. C'est leur insularité qui doit trancher « dans des conditions de localités restreintes et séparées par les mers[20] ». On a vu ce qu'en a dit Dutroulau : l'épidémie n'a pas été « importée ». Le discours prophylactique est donc inchangé : « cette maladie aurait certainement fait de grands ravages si l'on n'avait pris le parti prompt et décisif d'éteindre, par la *dispersion*, le *foyer d'infection*[21] ». Quand bien même on ne croit plus, tel un Catel, aux causes atmosphériques externes (en continuant malgré tout de publier des bulletins météorologiques), on veut croire au foyer d'infection. Mais si, plutôt que d'isoler ce foyer, le choix consiste au contraire à le *disséminer*, c'est parce qu'on ne veut pas croire à la contagion[22]. La question posée par la fièvre jaune, et, comme on le verra, par le choléra qui sert de point de comparaison, revient

19 *Ibid.*

20 « Là, les enquêtes sont faciles ; chacun connaît son voisin et le médecin ne perd de vue aucun de ses malades », ajoute Quoy. *Ibid.* Note de l'Inspection générale du Service de santé (29 juillet 1853).

21 *Ibid.* Nous soulignons. Note de l'Inspection générale du Service de santé (25 janvier 1856).

22 « La fièvre jaune n'est transmissible pour les malades que dans des conditions toute particulières et dans une mesure très restreinte. Ce mode de propagation de la maladie ne constitue pas un danger réel pour les équipages des navires mouillés sur une rade ni pour les populations fixées à terre », écrit un chirurgien président du Conseil de santé guadeloupéen. FM 14, 104-738.

d'une certaine manière à la question soulevée par la lèpre et par la peste au moment de leur apparition, car on est aussi médicalement démuni[23] devant les nouvelles épidémies qu'on l'était devant leurs devancières historiques. Faut-il intensifier le foyer d'infection par la concentration spatiale ou faut-il étendre ce foyer par sa dissémination ? Le pis-aller consiste à transférer les malades en fonction des mouvements de la maladie. L'isolement fonctionnera comme une variable d'ajustement. Par exemple, on isolera la garnison des Saintes, infectée, sur une hauteur de Terre-de-Haut (l'Anse-à-Mirre) en affectant la milice créole indemne au déchargement des navires ainsi qu'à la garde du pénitencier dont on séquestrera les prisonniers, s'ils sont atteints, sur le fort Napoléon, quand l'îlet à Cabrit devient le nouveau foyer d'infection. La géographie des mesures sanitaires épouse ainsi les changements de direction de la maladie mais exclut la quarantaine : « Les quarantaines sont inutiles et dangereuses en raison de l'endémicité et de l'infection facile et souvent prompte des navires. Elles sont d'ailleurs impossibles au point de vue commercial, dans les pays où la fièvre jaune est permanente[24]. » Aussi les navires infectés sont-ils orientés vers différentes rades selon la même logique : 1° évacuation du foyer d'infection, 2° dissémination rompant l'« enchaînement des manifestations[25] » de la maladie.

La quarantaine est à considérer sous les deux points de vue de l'intérêt commercial et de l'intérêt sanitaire. En 1857, en Guadeloupe, ils opposent un gouverneur adversaire de la quarantaine et Poupeau (médecin de la colonie en chef) à un inspecteur du Service de santé de la marine dont l'opinion sur la fièvre jaune est en train de changer : la quarantaine est utile. Il faut en effet ranger la fièvre jaune dans la classe épidémique à côté du choléra, de la peste et du typhus, et non la mettre au rang des

23 La fièvre jaune est traitée par bains, lavements, saignées, sangsues, vésicatoires, émétiques et tisanes : tout l'arsenal de la vieille médecine empirique des humeurs. « On voit que toute la théorie de ce traitement repose sur l'opinion que la fièvre jaune est un empoisonnement miasmatique dans lequel les liquides vitaux et très probablement le sang sont primitivement et principalement infectés. D'une part on cherche à évacuer les liquides altérés, de l'autre à annuler les substances délétères qui existent dans la somme des liqueurs animales restant dans l'économie. » FM 14, 95-647. Fièvre jaune (1838-1844). Rapport du Dr Cornuel, président du Conseil de santé de la Guadeloupe et second chirurgien en chef de la marine (Basse-Terre, 21 septembre 1838).

24 FM 14, 104-738.

25 C'est Quoy qui parle. *Ibid.* Note de l'Inspection générale du Service de santé de la marine (3 novembre 1857).

maladies endémiques. En fait foi le décret du 24 décembre 1850, où la fièvre jaune est visée par une obligation de quarantaine. Une offensive en faveur de la quarantaine a, cependant, plusieurs obstacles à surmonter : le défaut d'installation d'abord, au point de vue commercial ensuite, en particulier celui des articles importés de métropole et du sucre, à l'exportation. « [...] les navires de commerce arrivent à Pointe-à-Pitre, y déposent les marchandises importées de métropole et négocient, avec plus ou moins de promptitude et de facilité, leur chargement de retour, soit en bloc soit partiellement, selon la concurrence, la situation de la place et l'époque plus ou moins avancée de la récolte. On voit ici des phases diverses, et c'est dans l'une de ces phases que la fièvre jaune doit sévir sur les équipages soumis non seulement à l'influence générale mais encore à un travail pénible et continu. Dans ce cas, la quarantaine ordonnée suspendrait toujours une des opérations du voyage, laissant les contrats inexécutés et les intérêts en souffrance. Quant aux retards, la quarantaine peut être indéfinie, et elle peut se renouveler, rien ne pouvant garantir que la fièvre jaune ne se reproduira pas au retour des navires à Pointe-à-Pitre dans les mêmes conditions que précédemment. Les quarantenaires étant placés dans les cas de force majeure, l'affréteur n'aurait pas à la charge les surestaries[26], mais elles tomberaient aux armements qui seraient désormais plus onéreux et partant plus difficiles. [...] Or comme la principale denrée exportable ne peut attendre sans péril ; comme le fret augmente en raison du petit nombre de navires disponibles, le fret augmenterait nécessairement, et nécessairement aussi le prix du sucre perdrait tout ce que le fret aurait gagné. En présence de ces éventualités, les armateurs pourraient hésiter, dans les ports de France, à expédier leurs navires à la Guadeloupe. Ce serait encore une cause d'élévation dans les prix du fret, en même temps qu'une cause de réduction dans les importations de la métropole. Quant à la colonie, du moment qu'il y aurait moins de navires, il y aurait moins de concurrence pour l'achat de ses produits et par suite abaissement dans les prix. Aux charges nouvelles qu'entraîneraient les quarantaines pour les armateurs se joindrait le surhaussement des assurances, et enfin la perte de fret que les navires ne trouveraient plus après un séjour plus ou moins prolongé [...], et l'obligation pour ces navires d'aller chercher à l'aventure un

26 Terme de marine : excès de séjour d'un navire en un lieu de chargement. Par extension : somme que l'affréteur paye à l'armateur en compensation du dépassement de durée.

chargement de retour, en prolongeant d'autant le voyage[27]. » On voit que l'intérêt commercial implique aussi celui de l'industrie, de la marine et des ports, aussi bien dans les colonies qu'en métropole.

Il est intéressant de comparer les discours et les mesures prises en Guadeloupe en temps d'invasion cholérique, entre 1865 et 1866, avec celles et ceux qu'on a vu prendre à la même colonie sur la fièvre jaune. On se félicite encore, une décennie plus tôt, que le choléra sévissant à Porto-Rico n'ait pas atteint les Antilles françaises, et le Service de santé de la marine attribue cette chance aux quarantaines alors imposées par la Guadeloupe, aux dires de l'Inspection générale. En 1865, il n'en est plus de même, et le choléra décime, entre octobre et mai de l'année qui suit, plus de 20 % de la population de la ville de Basse-Terre, sans parler des autres communes, où le total des morts est de 11 885 (sur une population de 148 865). Au niveau des discours, il n'est plus question d'infection (spontanée) ni de contagion mais de *transmission*. Mais ce que l'épidémie de choléra met en avant, surtout, concerne, une fois de plus, un antagonisme entre deux ministères et deux points de vue. Celui de la marine et des colonies cache à celui de l'agriculture et du commerce la double conclusion d'un mémoire du médecin en chef de la colonie sur l'épidémie de choléra montrant : 1° que la population de couleur vit dans des conditions d'hygiène et de santé socialement lamentables, 2° que l'importation de main d'œuvre africaine ou indienne (en 10 ans 18 000 engagés) ne suffit pas pour compenser la mortalité des anciens esclaves après l'Abolition de 1848. « [...] il importe à l'Administration de se maintenir dans les régions d'une généralité plus haute ; elle jugera peut-être que, pour accentuer les calamités éprouvées, il n'est pas opportun d'admettre que certaines conclusions statistiques rigoureuses soient livrées au public ni même à une Administration étrangère qui pourrait faire ou laisser faire un mauvais usage de chiffres très sérieux, mais qui, dans l'état actuel, appartiennent à l'Administration seule des Colonies. Les études sur la condition sociale des habitants et surtout des gens de couleur, libres ou engagés, paraissent susceptibles d'être avidement recueillis par une certaine partie de la presse, ou bien par des personnes dont les idées humanitaires se sont passionnément tournées vers les races noires. Sous ce rapport, il ne semble pas qu'un membre du service actif doive fournir des armes aux détracteurs de notre système colonial. [...]

27 *Ibid.* Lettre de l'ordonnateur de Guadeloupe au ministre des colonies (10 septembre 1857).

Enfin, le Conseil supérieur de santé émet l'avis qu'il n'y a pas lieu de communiquer ce mémoire au ministre de l'agriculture, du commerce et des travaux publics. L'attention s'est détournée de l'épidémie de la Guadeloupe et les renseignements demandés n'offriraient plus le même intérêt qu'au moment du désastre. Cependant, s'il devenait nécessaire de satisfaire à une demande renouvelée, il y aurait à entreprendre un travail, de quelque importance, pour décider quelles parties pourraient être copiées et livrées à un ministre qui ne peut avoir, sur ces questions, les mêmes vues que celles du ministère de la marine et des colonies[28]. »

Le seul point de Guadeloupe épargné, dans les commencements de l'épidémie, semble avoir été les Saintes, en raison d'un isolement renforcé par une quarantaine de rigueur. On lit, dans un journal de la Martinique : « Honneur au grand citoyen qui a dit à la population des Saintes : Vous endurerez la faim ; vous endurerez la soif ; mais je vous sauverai de la contagion ! Et, en coupant toute communication avec la Guadeloupe, en supportant les privations de la vie quotidienne, en envoyant chercher jusqu'à la Martinique l'eau destinée à leur boisson, les habitants des Saintes ont conservé à la France une de ses possessions. Car pour qui connaît ces îlots qui n'ont pu être *habitués* que dans la première ardeur de la colonisation des Antilles, la mort de leur population actuelle eût été l'arrêt de leur abandon. Cette préservation d'un groupe d'îles, à courte distance de la Basse-Terre dévastée par le fléau, est un grand enseignement pratique. Il prouve la possibilité de la préservation par la volonté de se préserver. [...] Prenons exemple, et agissons de même à la Martinique. N'oublions pas que le choléra, dans sa marche bizarre, semble souvent ralentir ses coups dans le pays qu'il ravage, justement au moment où il se prépare à faire invasion ailleurs[29]. » La Martinique, à son tour, est protégée par la mise en quarantaine des provenances guadeloupéennes au lazaret de la Pointe du Bout, voire à Saint-Thomas dans les îles Vierges, et par ce que, par la voix de la presse locale, elle pense être une hygiène préventive : « restons chez nous, tenons nos demeures dans une extrême propreté, lavons-en, chaque jour, les *dalleaux* avec de l'eau dans laquelle on aura

28 FM 14, 195-1184. Épidémie de choléra (1865-1867). Extrait du registre des délibérations du Conseil de santé (séance du 28 novembre 1867). Une partie du mémoire, initialement commandé par le ministère de la marine et des colonies, signé du médecin Walther, paraîtra dans la *Revue maritime et coloniale* en 1885.

29 *Les Antilles* (9 décembre 1865).

brassé un peu de goudron de houille qui, on le sait, contient de l'acide phénique en quantité suffisante pour désinfecter les matières les plus fétides[30]. » Hygiène est aussi le mot d'ordre en Guadeloupe : « Plusieurs cas de mort presque subite, qui ont paru impressionner la population de la Pointe-à-Pitre, ayant eu lieu dans la partie de la ville comprise entre le canal Vatable, la route des Abymes et le chemin du cimetière, M. le maire s'est empressé d'inviter MM. les médecins de la ville à se réunir à l'effet d'examiner la nature de la maladie. Il a été reconnu, dans l'affection régnante, une fièvre pernicieuse algide occasionnée par la grande humidité qui existe depuis quelque temps, jointe à l'élévation des plus hautes marées ainsi qu'au mauvais état des habitations. Des mesures de propreté et d'assainissement ont été immédiatement prescrites, et le Conseil d'hygiène et de salubrité publique a été convoqué afin d'aviser aux dispositions à prendre en la circonstance[31]. »

Au-delà de points de vue politiques et doctrinaux divergents sur la quarantaine, on retient plusieurs enseignements des informations contenues dans la presse locale en tant que manifestation d'une opinion publique et que relais d'un pouvoir officiel. Un premier enseignement touche à l'aspect démographique. On est conscient que le phénomène épidémique est à considérer dans son rapport à la population dans son ensemble et non, de façon restrictive, à la seule population malade. En d'autres termes, on est devant la question de santé. C'est presque incidemment que la causalité pathologique est évoquée. D'où le passage au second plan du traitement thérapeutique éventuel au profit d'une hygiène individualisant les prescriptions publiques. Une autre leçon concerne les modalités de gestion de la crise épidémique. On y voit collaborer trois pouvoirs à la légitimation de l'intervention publique : un pouvoir de décision politique avec le maire, un pouvoir d'expertise scientifique avec le corps médical, un pouvoir administratif d'action pratique avec le Conseil d'hygiène et de salubrité. Salubrité : telle est bien la réponse environnementale aux questions de santé quand il s'agit moins de guérison que de prévention, moins de maladie que de milieu. Salubrité : salut par la santé, donc. Accent mis sur un « gouvernement de la vie » de préférence au surinvestissement symbolique (impureté) de la mort. Et de là, mise en avant de la santé comme un capital à *préserver.*

---

30 *Le Propagateur* (11 novembre 1865).

31 *Gazette officielle* (31 octobre 1865).

Moyennant quoi la question sanitaire est non seulement politisée (la possibilité de faire avec la volonté d'agir) mais socialisée. C'est encore un enseignement du choléra : le groupe humain visé se recentre en communauté soudée par une identité. C'est le *nous* martiniquais du « restons-chez-nous ». Ce sont aussi les Saintois, que leur insularité protège en ne les enfermant pas parce que cette insularité trouve une échappatoire dans l'instance de médiation proposée par la Martinique. On voit donc ainsi se combiner la dimension démographique avec un effet géographique et le groupe isolé d'insulaires être à la fois *coupé* de la Guadeloupe et *couplé*, du fait des circonstances et pour les besoins de l'assistance, à la Martinique. Il y va d'une identité coloniale et d'une ambiguïté sanitaire. Identité d'une « possession » qui remonte à « la première ardeur » colonisatrice aux Antilles et qu'il faut préserver comme un modèle historique. Ambiguïté de mesures de quarantaine où la population saine est prise en otage alors qu'il s'agit normalement d'isoler les malades.

Il y a tout un embarras sur le discours de quarantaine. Il oppose infectionnistes et contagionnistes autour de la transmission pathogène. Il oppose aussi le parti commercial au parti sanitaire autour de la question du libre-échange et de la sécurité, de la rationalité temporelle et de l'immunité territoriale. Il oppose encore ceux qui voient dans l'isolement le préservatif idéal et ceux qui voient dans la concentration consécutive à cet isolement matière à renforcer le mal au lieu de le combattre. Il oppose – et ce de façon plus insidieuse – un parti du repli créole, en faveur d'un protectionnisme identitaire, à la sphère d'un pouvoir central anticontagionniste par stratégie de gestion des peurs et des divisions sociales induites. Il oppose enfin, dans une politique à laquelle un souci de contrôle migratoire n'est pas étranger, des populations qui ne sont pas traitées sur un pied d'égalité : les migrants, les soldats, les marins, les passagers, les colons, les gens de couleur. Il fait interférer la proximité spatiale et l'allongement de l'attente en durée par ailleurs incertaine. Il excite un réflexe humanitaire allant, dans la postérité de Michel Foucault, jusqu'au contresens historique : il est faux de penser (pour ce qui touche aux engagés des colonies du moins) que l'émigrant soit tenu pour une menace (autre que strictement sanitaire en tout cas) puisqu'il est au contraire appelé dans les colonies qui le réclament. Un même homme, en la personne de Kéraudren, va jusqu'à prôner l'installation de lazarets sur les navires où sévit la fièvre jaune[32] après en avoir contesté la contagiosité six ans plus tôt. C'est que, dans l'intervalle, une épidémie de fièvre jaune emporte entre 10 et 15 000 habitants de Barcelone en 1821, sur une population de 100 000 après que la peste eut disparu depuis 100 ans. La mise en quarantaine des navires en provenance de la péninsule ibérique et d'Amérique oblige à construire une digue de 300 mètres entre les îles Pomègues et Ratonneau de Marseille, où jusqu'à 120 bateaux sont dès lors en état de stationner dans le port baptisé Dieudonné, qui couvre une superficie de 25 hectares. On entreprend, dans le même temps (1823), la construction d'un hôpital à Ratonneau, qu'on termine en 1828 afin d'isoler les malades éventuels. En 1832, le choléra fait près de 20 000 victimes à Paris, puis fait irruption dans le Midi (1835). En 10 ans, dans le monde, on estime à 2 millions le nombre de morts du choléra. Le fait nouveau vient du constat que les dispositifs engagés contre la peste avec un certain succès sont impuissants contre la fièvre jaune et le choléra. C'est le ministère du commerce et de l'agriculture qui demande à l'Académie de médecine la réunion d'une commission pour statuer sur le niveau de contagiosité des épidémies de peste et la réflexion s'engage à la suite sur le niveau d'efficacité des mesures sanitaires contre la fièvre jaune et le choléra. Ce ministère a gain de cause en 1850 à Marseille, où l'ancien lazaret d'Arenc (dont la fondation remonte au XVIIe siècle) est supprimé de concert avec le Bureau de santé de la ville et du port.

On voit que les choix, par-delà la tendance à plus d'ouverture, évoluent selon la succession des chocs épidémiques. À chacun de ces derniers répond la volonté de parvenir à des accords internationaux qui butent, à chaque fois, sur une impossibilité d'y parvenir étant donné l'état de connaissances médicales achoppant sur les questions d'origine, endémicité, transmissibilité, mesures d'hygiène et de prévention. Les conférences sanitaires internationales de Paris (1859) et d'Istanbul (1866), qui font suite à la nouvelle épidémie de choléra de 1846-1851 (près de 20 000 morts à Paris, 100 000 environ dans toute la France), refont parler la contagion mais ne donnent pas la normalisation règlementaire espérée depuis la proposition d'un code sanitaire international, en 1853, pour assouplir et perfectionner celui, français, de 1822.

32 P. F. Kéraudren, *De la fièvre jaune observée aux Antilles et sur les vaisseaux du roi, considérée principalement sous le rapport de sa transmission*, Paris, Imprimerie Royale, 1823, p. 62.

CONCLUSION

La réclusion sanitaire évolue vers la rétention sur le modèle épidémique. À la réclusion correspond l'exclusion de lépreux qu'on séquestre et relègue à perpétuité. À la rétention correspond l'inclusion de quarantenaires internés temporairement. Dans tous les cas, le geste est à la fois symbolique et politique. Il est symbolique en ceci que la *maladie* trace une *limite* humaine engageant le corps vers ce qui le dépasse : un désir, une souffrance, une mort à l'horizon toujours possible[1]. Il est politique en ceci que la *santé* tâche à tracer des *frontières* : inscription de la médecine au sein d'une sphère administrative et réglementaire, opposition de logiques économiques et sanitaires, individuelles et collectives, interventionnistes et d'inspiration plus libérale, accent mis sur la détection puis sur la prévention, division du pouvoir entre institutions politique (exécutive et législative) et médicale (appréciative et consultative). En situant la maladie dans l'atmosphère infectieuse, on admettait que le morbide était dans l'ordre, ou du moins qu'il y avait soumission du malade à la nature. En lui faisant changer d'air, en éloignant le mal, on l'évacuait. C'est quand l'idée de contagion commence à mettre en avant la notion de contact que l'organisation sociale, attaquée dans ses fondements relationnels, est traitée différemment. Devenue virtuellement localisable en chacun de ses porteurs, on peut pister la maladie suivant des trajectoires à croiser de manière à la diviser, d'abord, à l'enclore ensuite. Une police est instaurée. Son but est de découper l'espace afin de couper les communications pour isoler la maladie. Contenue dans son *lieu*, la maladie sera non seulement révélée mais épuisée jusqu'à l'extinction. Déclarée dans sa cause, elle sera consumée dans ses effets. Tant qu'il suffisait de l'éloigner, le malade atteint de lèpre était tenu pour un paria. C'était un corps étranger dont l'exclusion garantit le rétablissement de

1 Voir Jacques Revel et Jean-Pierre Peter, « Le corps, l'homme malade et son histoire », *in* Jacques Le Goff et Pierre Nora dir., *Faire de l'histoire, nouveaux objets*, Paris, NRF Gallimard, 1974, p. 184-185.

la communauté menacée. Le malade atteint de maladies contagieuses comme la peste ou d'épidémies tropicales (à côté de la variole) est, lui, senti comme un élément dans un tout solidaire. On écrit des traités qui font ressortir une analogie du corps et de l'État, « dans lequel chaque action doit converger pour en préserver l'unité[2] ». Passant de la notion de pur à la notion de sain, la maladie, soumise aux questions de santé, passe ainsi du symbolique au politique. Une série de changements font à la suite évoluer le privé vers le public. La continuité du corps biologique et du corps social a pour articulation le corps politique.

Les doctrines infectionniste et contagionniste, héritées respectivement d'Hippocrate et de Fracastor (mais aussi de Paracelse et de Cardan), sont moins opposées que complémentaires. On les voit moins se succéder (pour ne pas dire alterner) que se recouper, l'une œuvrant en amont sur les causes à la salubrité des milieux, l'autre, en aval, au niveau des conséquences, insistant sur les mesures sanitaires : oscillation bipolaire entre actions préventive et répressive. « La pensée médicale, en effet, oscillait entre un doute et une certitude. Un doute portant sur la nature de l'affection : on ne risquait rien à adopter des mesures sanitaires dans les ports et aux frontières. Une certitude au sujet des foyers d'insalubrité : les supprimer pouvait servir, sinon à enrayer le mal, du moins à atténuer son intensité[3]. » La transmission bactérienne est inconnue pour longtemps. Le miasme est donc encore en crédit quand le germe lui fait concurrence. Le principe de contagion n'a pas de fondement plus scientifique a priori que la croyance empirique à l'infection de l'air, et la réalité des contagions n'est rationnellement démontrée que quand les quarantaines auront vécu, parce qu'on aura trouvé le moyen de soigner. Ce qui importe ici n'est pas d'accompagner les progrès de la médecine vers la guérison des maladies mais d'analyser comment la société cherche à se protéger par des stratégies traduites en termes d'espace. Aux yeux du parti pris de l'infection, le *foyer* fait ressortir un double aspect : local, il est isolable ; épidémique, il est propagateur. On doit l'éteindre en supprimant les conditions de son insalubrité. Pour les tenants de la contagion, le vecteur est non pas le *milieu* mais la *personne* : il ne suffit

2 Georges Vigarello, *Histoire des pratiques de santé : le sain et le malsain depuis le Moyen Âge*, Paris, Seuil, coll. « Points Histoire », 1999, p. 86.

3 François Delaporte, *Le Savoir de la maladie, essai sur le choléra de 1832 à Paris*, Paris, PUF, coll. « Bibliothèque d'histoire des sciences », 1990, p. 19-20.

pas de s'éloigner du foyer pour être à l'abri, puisqu'il est au contraire avéré que la maladie se communique en se déplaçant grâce à celui qui la porte. On a donc affaire à deux représentations spatiales inversées. La première, à partir d'un diagnostic établissant la localisation limitée du fléau, plaide en faveur d'une stratégie préventive à la source, assortie d'extraction par dissémination des populations touchées. Stratégie de la dislocation. La seconde, à partir d'un constat de dispersion du fléau, conclut pour une isolation combinée de concentration des dispositifs de contrôle sanitaire. On a vu que l'espace insulaire avait pour intérêt de cristalliser la focalisation de ces deux stratégies.

Dans une île, en effet, la filière épidémique est facile à remonter. Son échelle étant réduite, elle autorise aussi bien la circonscription des foyers que la fragmentation des populations. La discontinuité de sa géographie diminutive autorise aussi bien l'observation des étiologies que des prophylaxies mises en place. Au gré des arrivées de bateaux de migrants la maladie se présente a priori dans son état premier. Dans une société rendue très segmentée par les clivages coloniaux, la séparation des classes a joué tout autant comme un facteur d'inégalité devant la maladie que comme une barrière de protection. La ségrégation des malades apparaît moins comme une régression que comme un prolongement de l'état social en vigueur. Et surtout ceci : le même espace insulaire aura revêtu les deux fonctions normalement différenciées d'éloigner par exclusion (lèpre) et d'isoler par inclusion (peste ou fièvre jaune et choléra). Léproseries de sur-insularité ; lazarets de double insularité. De l'alerte aux actes il y a loin, cependant. « Ce qu'il faut plutôt considérer, c'est l'action féconde de ces variables indépendantes, historiquement contingentes, que sont ici la sécularisation de la puissance publique, et là la pérennisation d'une administration sanitaire. Le lieutenant de Dieu sur terre chassé du trône, un pouvoir s'élève, armé de toute la rigueur de la loi ancienne mais débarrassé des attributs sacrés : les peines codifiées, par là rendues plus clémentes, l'arbitraire du supplice cède à l'humanité du châtiment. Ainsi de cette gestion pacifiée de la défense sanitaire qui, sans s'interdire les sévérités salutaires, se défend les brutalités de l'urgence épidémique. D'évidence, le besoin s'efface d'une dictature de l'hygiène à mesure que ses services gagnent en permanence et en légitimité[4]... » Urgence

4 Lion Murard et Patrick Zylberman, *L'Hygiène dans la République, la santé publique en France, ou l'utopie contrariée (1870-1918)*, Paris, Fayard, 1996, p. 441.

épidémique à l'origine du règlement métropolitain de 1822 : brutalité sanitaire. Options de l'assainissement, qui joue contre la quarantaine, et de la désinfection (miasme et germe ensemble), aux dépens des rigueurs de l'isolement : gestion pacifiée. « Le conflit n'oppose pas la science et l'opinion, la rationalité et la superstition, mais deux versions rivales (ou davantage) de l'offre de science[5]. » Une indication des hésitations de la science au service du politique, à la recherche d'une police incertaine, est encore à trouver du côté de la législation sur la déclaration de maladie : tantôt facultative, tantôt obligatoire, en réalité jamais pratiquée de manière à fournir à la détection de quoi fonctionner de manière uniforme.

Si, dans les colonies, la situation paraît plus tranchée, c'est parce qu'une partie de la population donnait des coudées plus franches au pouvoir. On a pu réaliser la séquestration non seulement parce que l'insularité s'y prêtait mais aussi parce cela concernait des oubliés par état, des séquestrés par vocation – des esclaves et des condamnés pénaux lépreux, troupeau d'ores et déjà « captif » et regroupé. Si peu de colons que cela reste une minorité même si leur nombre est en augmentation[6]. Même chose avec la main-d'œuvre immigrée quand vient le temps de remplacer les esclaves (Antilles et Guyane) et la population pénale (Nouvelle-Calédonie) : la quarantaine est d'autant plus facilitée, contre les épidémies venues d'Asie (peste ou choléra), qu'elle officie, comme Ellis Island à l'entrée des États-Unis[7], dans le contexte d'une politique d'immigration sous surveillance opérant le triage. On en vient donc à se demander si la police sanitaire n'est pas une affaire, avant tout, de police en général. Et c'est bien le cas du traitement qu'on réserve aux indigents précarisés que la maladie sert à contrôler davantage. En Nouvelle-Calédonie, la colonisation pénale est qualifiée de malsaine au tournant du siècle. On va jusqu'à parler de « gangrène pénale[8] ». Il s'agit

5 *Ibid.*, p. 397.

6 Sur 60 malades en 1890, Lacaze dénombre « 3 cancéreux de race blanche, 26 Indiens, le reste de race noire, créole ou mulâtre, 15 femmes dont deux blanches ». *Op. cit.*, p. 40.

7 Ou comme Angel Island pour les immigrants venus d'Asie par le Pacifique et Grosse-Île (archipel de l'Isle-aux-Grues sur le Saint-Laurent) pour l'immigration canadienne entre 1832 et 1937. En 1874, les immigrants chinois frappés de choléra sont mis en quarantaine à Saint-John Island (Singapour), où le centre de quarantaine reçoit ensuite (années trente) les Malais sur le retour du pèlerinage à La Mecque et les immigrés venus massivement du reste de l'Asie jusque dans les années cinquante. Au-delà, l'île devient un lieu de détention. L'île Plate (à Maurice) est le décor du roman de Le Clézio, *La Quarantaine*.

8 Journal *La Calédonie* (13 janvier 1894).

de rétablir un peuplement sain. D'un côté, cantonnement des kanak en réserves indigènes et, de l'autre, immigration dont l'organisation fusionne, en 1898, avec les Affaires indigènes. Un arrêté pris le 23 décembre 1887 établit l'exclusion des premiers, qui ne pourront quitter leur arrondissement sans autorisation ni, par mesure de ségrégation, circuler dans la ville après 8 heures du soir ou rentrer librement chez les colons. Les seconds (Javanais, Tonkinois) sont immatriculés dès leur arrivée dans un registre spécial et, dans l'attente d'un engagement, mis en dépôt dans le quartier de l'Orphelinat par arrêté du 26 mars 1874. On voit bien ce que cette politique a de complémentaire avec celle envisagée sur le plan sanitaire, où la visée n'est pas seulement l'exclusion mais aussi l'inclusion : les indigènes et les immigrés sont enfermés dans un espace entièrement délimité mais doivent au demeurant servir à la régénération de la colonie, par un impôt de capitation voire des corvées pour les uns, par la force de travail pour les autres.

Or, aux colonies mêmes, on s'aperçoit que les mailles du filet sont tout compte fait passablement desserrées. Les propriétaires d'esclaves ne déclarent pas les lépreux de leurs ateliers. Quand ils le font, des colons s'approprient ces lépreux dans une île (à la Désirade) où la population manque de bras, si bien que la lèpre est à nouveau remise en circuit là même où la léproserie devait la retrancher. C'est un autre aveu d'impuissance avec l'administration pénitentiaire : ou bien les lépreux guyanais de l'îlot Saint-Louis sont livrés à eux-mêmes, hors de tout contrôle effectif, et la proximité de Saint-Laurent du Maroni leur permet de gagner la ville en empruntant la voie navigable ; ou bien les lépreux de Nouvelle-Calédonie sont envoyés le plus loin possible, aux Belep, à l'île Art, une île dont on ne sort pas, mais où l'effet conjugué de désordres homicides et de difficultés d'approvisionnement, consécutif à l'extrême éloignement, fait réclamer par l'administration pénitentiaire un retour au giron carcéro-centralisé de l'île Nou. Que dire, enfin, du laxisme dont on tient rigueur à Feillet d'avoir voulu fermer la léproserie centrale alors que c'est par lui que la colonie calédonienne aura coupé le « robinet d'eau sale » en substituant au bagne une immigration libre (à côté de l'immigration des engagés) qui précipite le cantonnement des Mélanésiens ? Bref, on ne traite pas des maladies comme on fait des délits ni de l'immigration. L'assignation, la relégation, la ségrégation, qui sont les trois piliers de la politique coloniale, auront été très incomplètement mis en œuvre au niveau sanitaire. On en conclura que, si la maladie représente à l'évidence un enjeu de pouvoir, elle a surtout montré les limites de l'exercice de ce pouvoir.

ILLUSTRATIONS

FIG. 17 – Léproserie de la Désirade, 30 Fi 150-104, Archives nationales d'outre-mer (ANOM France).

FIG. 18 – Visite médicale à la léproserie de la Désirade, 30 Fi 51-59, Archives nationales d'outre-mer (ANOM France).

FIG. 19 – Plan de l'îlet la Mère, 14 DFC 423B, Archives nationales d'outre-mer (ANOM).

FIG. 20 – Nouvelle-Calédonie. L'Île aux lépreux. Défense d'y accoster.
Archives de Nouvelle-Calédonie, musée de la ville de Nouméa.

FIG. 21 – Léproserie de l'île Nou (1910-1913). Photo du Dr Léon Collin, *Des hommes et des bagnes*. Éditions Libertalia, 2015.

FIG. 22 – Léproserie de l'île Art.

Fig. 23 – Infirmerie du sanatorium de Ducos. F. P. J. Sorel, *Prophylaxie de la lèpre dans les colonies françaises*, Bull. OIHP, Paris, 1938.

FIG. 24 – Groupe de lépreux de la léproserie de Chila (Lifou).
Dr Léon Collin, manuscrit (1914). Collection de Philippe Collin.

FIG. 25 – « Lépreux ne te cache pas viens dans nos dispensaires », F. P. J. Sorel, *Prophylaxie de la lèpre dans les colonies françaises*, Bull. OIHP, Paris, 1938.

Fig. 26 – Lazaret de l'îlot Freycinet, Fi 49-13, Archives nationales d'outre-mer (ANOM France).

FIG. 27 – Terre-de-Haut (Saintes). La batterie de la « Tête-Rouge » et l'Îlet à Cabrits.
Collection Archives départementales de Guadeloupe.

FIG. 28 – Guadeloupe. En quarantaine aux Saintes.
Arrivée d'un canot de vivres. Archives départementales de Guadeloupe.

FIG. 29 – Guadeloupe. Vue d'ensemble du lazaret et de l'îlot à Cabrit. Édition Boisel. Archives départementales de Guadeloupe.

SOURCES CONSULTÉES

ARCHIVES NATIONALES D'OUTRE-MER
(ANOM – AIX-EN-PROVENCE)

Fonds ministériel, Généralités

FM GEN carton 297, dossier 1978
FM GEN carton 355, dossiers 2153-2154
FM GEN carton 370, dossier 2190
FM GEN carton 375, dossier 2212
FM GEN carton 440 (VII), dossier 2349
FM GEN carton 663, dossiers 2804 et 2812
FM GEN, cartons 368, 375, 440, 481

Séries géographiques

Guadeloupe (FM 14)
Cartons 55, 104, 172, 195, 267, 362, 363, FM 14-48
Guyane (FM 17)
Cartons 9 et 136, dossiers Q 6 (01-11)
Nouvelle Calédonie (FM)
Cartons 9 et 171
Martinique (FM 40)
Carton 48, dossier 386

Série Colonies

Désirade
C 7 A 10, C 7 A 42-43, série F3 44, f^{ds} 429-451, F3 223 (Fonds Moreau de Saint-Méry)
Saint-Domingue
C 9 A 9 (folios 288-289) et C 9 A 10 (folio 16)

Guyane
C 14-62

Série H (bagne et léproserie pénitentiaire)
cartons 1857, 1862, 1927 et 5151
Dépôt des cartes et fortifications (DFC)
09 DFC 45 n° 24-25 (îlet à Cabrit)
14 DFC 625 C (léproserie des îles du Salut)
Travaux publics (TP)
1 TP carton 445, dossier 1, carton 623, dossier 10 (léproserie de la Désirade)
1 TP carton 449, dossier 18, carton 451, dossier 11 (lazaret des Saintes)

SERVICE HISTORIQUE DE LA DÉFENSE (SHD – TOULON)

Institut de médecine tropicale du service de santé des armées (IMTSSA)

2013 ZK 005-072
2013 ZK 005-073
2013 ZK 005-274
2013 ZK 005-476

JOURNAUX ET REVUES

Archives de médecine navale et coloniale
Journal Officiel de la Guadeloupe et Dépendances
Journal officiel de la Martinique
Gazette officielle
La Calédonie
La Presse médicale
Le Propagateur
Les Antilles
Revue maritime et coloniale

OUVRAGES CITÉS

BAJON, Bertrand, Mémoire pour servir à l'histoire de Cayenne, tome I, Paris, 1777.

CALABI, Donatella, *Ghetto de Venise, 500 ans* (traduit de l'italien par Marie-George Gervasoni), Paris, Liana Levi, 2016.

CHAUSSINAND, Roland, *La Lèpre*, Paris, L'Expansion scientifique française, 1950.

CHAUSSINAND, Roland, *Prophylaxie et thérapeutique de la lèpre*, G. Doin, 1958.

COLLIN, Léon, *Des hommes et des bagnes*, Éditions Libertalia, 2015.

DEFOE, Daniel, *Journal de l'année de la peste* (1722), Paris, Gallimard, coll. « Bibliothèque de La Pléiade », 1959.

DELAPORTE, François, *Le Savoir de la maladie, essai sur le choléra de 1832 à Paris*, Paris, PUF, coll. « Bibliothèque d'histoire des sciences », 1990.

De la fièvre jaune qui a régné à la Martinique en 1838 et en 1839. Rapport de l'académie royale de médecine sur un mémoire de M. le docteur Catel, membre correspondant de ce corps savant et médecin en chef de la Martinique, par le Dr N. Chervin, Paris, Imprimerie royale, 1840.

DELUMEAU, Jean, *La Peur en Occident*, XIVe-XVIIIe siècles, Paris, Fayard, 1978.

FABRE, Gérard, *Épidémies et contagions, l'imaginaire du mal en Occident*, Paris, PUF, 1998.

FASSIN, Didier, « Biopouvoir ou biolégitimité, splendeurs et misères de la santé publique », *in* Marie-Christine Granjon (éd.), *Penser avec Michel Foucault, théorie critique et pratique politique*, Paris, Karthala, 2005.

FOUCAULT, Michel, *Surveiller et punir, naissance de la prison*, Paris, Gallimard, 1975.

FOUCAULT, Michel, *Histoire de la sexualité, 1- La volonté de savoir*, Paris, Gallimard, coll. « Tel », 1976.

FOUCAULT, Michel, *Dits et écrits II (1976-1988)*, Paris, Gallimard, coll. « Quarto », 2001.

FOUCAULT, Michel, *Sécurité, territoire, population : cours au Collège de France (1977-1978)*, Hautes Études, Gallimard, Seuil, Paris, 2004.

FOUGÈRE, Éric, *Des indésirables à la Désirade*, Matoury (Guyane), Ibis Rouge, 2008.

FOUGÈRE, Éric, *La Prison coloniale en Guadeloupe*, Matoury (Guyane), Ibis Rouge Éditions, 2010.

« Histoire de la lèpre », *Histoires de la médecine*, IX. http://coursneurologie.free.fr/lepre.HTM. Consulté le 21/10/2015.

Girard, René, *Le Bouc émissaire*, Paris, Grasset, 1982.

Kéraudren, Pierre François, *De la fièvre jaune observée aux Antilles et sur les vaisseaux du roi, considérée principalement sous le rapport de sa transmission*, Paris, Imprimerie Royale, 1823.

Lacaze, Honoré, « Lèpre et pian aux Antilles, léproserie de la Désirade », *Archives de médecine navale et coloniale* n° 55, 1891.

Lacour, Auguste, *Histoire de la Guadeloupe*, Basse-Terre (Guadeloupe), tomes I et IV, 1855.

Lacroix, Alfred, *Notice historique sur les membres et correspondants de l'Académie des sciences ayant travaillé dans les colonies françaises de la Guyane et des Antilles de la fin du XVIIe siècle au début du XIXe siècle*, Paris, Gauthier-Villars et Cie, 1932.

Léonard, Nicolas-Germain, « Lettre sur un voyage aux Antilles » (1795), in *Œuvres de Léonard*, vol. 1, Paris, Didot jeune, 1797.

Londres, Albert, *Au bagne* (1923), Paris, Arléa, 1997.

Mathurin, Mathias, « La Désirade », in *Histoire des communes*, vol. 2, Pressplay (Italie), 1986.

Moreau de Saint-Méry, Louis Élie, *Description topographique, physique, civile, politique et historique de la partie française de l'Isle Saint Domingue* (1798), tome II, Paris, Larose, 1958.

Murard, Lion, Zylberman, Patrick, *L'Hygiène dans la République, la santé publique en France, ou l'utopie contrariée (1870-1918)*, Paris, Fayard, 1996.

Noël, Léonard Ange, *La Lèpre, douze années de pratique à l'hospice de la Désirade*, Paris, Imprimerie de la faculté de médecine H. Jouve, 1913.

Panzac, Daniel, *Quarantaines et lazarets, l'Europe et la peste d'Orient*, Aix-en-Provence, Édisud, 1986.

Paré, Ambroise, *Traité de la peste, de la petite vérole et de la rougeole, avec une brève description de la lèpre*, Paris, Imprimerie d'André Wechel, 1568.

Rapport des commissaires de la Société royale de médecine sur le Mal Rouge de Cayenne ou Éléphantiasis, Paris, Imprimerie royale, 1785.

Revel, Jacques, et Peter, Jean-Pierre, « Le corps, l'homme malade et son histoire », *in* Jacques Le Goff et Pierre Nora dir., *Faire de l'histoire, nouveaux objets*, Paris, NRF Gallimard, 1974.

Rossignol, Bernadette et Philippe, « Les "mauvais sujets" de la Désirade », *Bulletin de la société d'histoire de la Guadeloupe* n° 153, mai-août 2009.

Sanchez, Jean-Lucien, *La Relégation des récidivistes en Guyane française*, thèse, École des hautes études en sciences sociales, 2009.

Sauzeau de Puyberneau, *Monographie sur les Saintes (dépendance de la Guadeloupe)*, Bordeaux, Imprimerie du Midi, Paul Cassignol, 1901.

SOREL, F. P. J., *Prophylaxie de la lèpre dans les colonies françaises*, Paris, Office international d'hygiène publique, 1938, Extrait du supplément au Bulletin de l'Office International d'hygiène publique, t. XXX, fasc. 6.

SURLEAU, André, « Une page de l'histoire locale : de l'ancienne léproserie de l'île aux Chèvres au Centre Raoul Follereau », *Bulletin de la Société d'études historiques de la Nouvelle-Calédonie* n° 9, septembre 1971.

TABAR-NOUVAL, François, *La Lutte anti-lépreuse à la Guadeloupe, la léproserie de la Désirade*, thèse de médecine, Montpellier, 1933.

TOUATI, François-Olivier, *Maladie et société au Moyen Âge : la lèpre, les lépreux et les léproseries dans la province ecclésiastique de Sens jusqu'au milieu du XIVe siècle*, De Boeck Université, 1998.

VIGARELLO, Georges, *Histoire des pratiques de santé : le sain et le malsain depuis le Moyen Âge*, Paris, Seuil, coll. « Points Histoire », 1999.

VOILLAUME, H., « Un Marseillais aux Antilles, Jean André de Peyssonnel », *Bulletin de généalogie et d'histoire de la Caraïbe* n° 7, juillet-août 1989.

ZAMBACO PACHA, Démétrius Al., *Anthologie, la lèpre à travers les siècles et les contrées*, Paris, Masson & Cie, 1914.

INDEX DES NOMS DE PERSONNES

INDEX DES NOMS DE LIEUX

TABLE DES FIGURES

TABLEAUX

ILLUSTRATIONS

TABLE DES MATIÈRES

Achevé d'imprimer par Corlet Numérique,
à Condé-sur-Noireau (Calvados), en mai 2018
N° d'impression : 147962 – Dépôt légal : mai 2018
Imprimé en France